FACHWISSEN FEUERWEHR

Kemper

AUSRÜSTUNGEN UND GERÄTE FÜR DEN LÖSCHEINSATZ

ecomed
SICHERHEIT

Bibliografische Informationen der deutschen Nationalbibliothek
Die Deutsche Nationalbibliothek verzeichnet diese Publikation in der Deutschen Nationalbibliografie; detaillierte bibliografische Daten sind im Internet über http://www.dnb.de abrufbar.

Bei der Herstellung des Werkes haben wir uns zukunftsbewusst für umweltverträgliche und wiederverwertbare Materialien entschieden. Der Inhalt ist auf chlorfrei gebleichtes Papier gedruckt.

Aus Gründen der besseren Lesbarkeit wird in diesem Werk die Sprachform des generischen Maskulinums angewendet. Es wird darauf hingewiesen, dass die ausschließliche Verwendung der männlichen Form geschlechtsunabhängig zu sehen ist.

ISBN 978-3-609-68186-3

E-Mail: kundenservice@ecomed-storck.de

Telefon: 089/2183-7922
Telefax: 089/2183-7620

Nachweis der Titelbilder:
oben links und oben rechts: Dennis Altenhofen, Nachrichtenportal Wiesbaden112.de
unten links und unten rechts: Sebastian Stenzel, Nachrichtenportal Wiesbaden112.de

Satz: Fotosatz Pfeifer, 82110 Germering
Druck: CPI books GmbH, 25917 Leck

Vorwort

Die Anforderungen an die Feuerwehrangehörigen haben sich im Laufe der letzten Jahre erheblich verändert. Genügten in der Vergangenheit oftmals die Kenntnisse der normalen Brandbekämpfung, müssen heute selbst kleinere Feuerwehren die unterschiedlichsten Notlagen meistern können, um in Not geratene Personen oder Tiere zu retten, Sachwerte zu erhalten und die Umwelt vor schädlichen Einwirkungen zu schützen.

Daher ist es erforderlich, dass alle Feuerwehrangehörigen umfassend ausgebildet werden. Dabei ist jedoch zu berücksichtigen, dass diese Ausbildung von den meist ehrenamtlich tätigen Feuerwehrangehörigen zusätzlich zu den ebenfalls weiter steigenden Anforderungen in deren Berufsleben und den vielfältigen Verpflichtungen im privaten oder familiären Umfeld geleistet werden muss. Letztlich liegt es an den Feuerwehrangehörigen selbst, ob und in welchem Umfang sie bereit sind, sich durch eine regelmäßige und aktive Teilnahme an der angebotenen Aus- und Weiterbildung den gesteigerten Anforderungen an die Feuerwehren zu stellen.

Das Ziel der Broschürenreihe „Fachwissen Feuerwehr" besteht darin, die Feuerwehrangehörigen mit dem Wissen auszustatten, das in der heutigen Zeit erforderlich ist, um aufgabengerecht und wirkungsvoll in den Feuerwehren tätig zu werden. Sie richtet sich vor allem an die Feuerwehrangehörigen, die erstmals in das jeweilige Thema „einsteigen", aber auch an die Feuerwehrangehörigen, die sich ein solides Basiswissen aneignen möchten.

Die Inhalte der jeweiligen Broschüren entsprechen weitgehend den Inhalten und Vorgaben der Feuerwehr-Dienstvorschrift 2 (FwDV 2) „Ausbildung der Freiwilligen Feuerwehren" und den daraus abgeleiteten Lernzielkatalogen. Deshalb kann diese Broschürenreihe auch gut zur Vorbereitung und Unterstützung der unterschiedlichen Aus- und Weiterbildungsmaßnahmen der Feuerwehren genutzt werden.

Die Texte und Abbildungen sind in leicht verständlicher Weise dargestellt, Hinweise und Merksätze filtern die für die Praxis wichtigen Informationen heraus. Auf die Verwendung von speziellen Formeln und wenig gebräuchlichen Begriffen wird weitgehend verzichtet. Die Angabe technischer Daten erfolgt ohne Gewähr. Weiterhin gelten die Funktionsbezeichnungen und personenbezogenen Begriffe für Feuerwehrangehörige aller Geschlechter.

Diese Broschüre **„Ausrüstungen und Geräte für den Löscheinsatz“** befasst sich im Rahmen der allgemeinen Gerätekunde vor allem mit den Ausrüstungen und Geräten, die zur Standardbeladung und Zusatzbeladung der aktuell genormten Löschfahrzeuge gehören und deren Anwendung in der Feuerwehr-Dienstvorschrift 1 (FwDV 1) „Grundtätigkeiten – Lösch- und Hilfeleistungseinsatz“ beschrieben und erläutert wird.

Damit Einsatzkräfte der Feuerwehr die erforderlichen Ausrüstungen und Geräte für den Löscheinsatz selbstständig und fachlich richtig in Betrieb nehmen und anwenden können, müssen sie zunächst deren Ausführungen und Funktionen kennen und beschreiben können. Dies ist eine wesentliche Voraussetzung für die sichere, schnelle und erfolgreiche Anwendung der Ausrüstungen und Geräte entsprechend den Vorgaben der Feuerwehr-Dienstvorschrift 1 (FwDV 1) und der jeweiligen Bedienungsanleitungen der Hersteller.

Geseke, Februar 2025 Hans Kemper

Inhalt

1 Einleitung

Obwohl Rettungseinsätze, Hilfeleistungseinsätze oder Gefahrguteinsätze zunehmend das Einsatzgeschehen bestimmen, gehören die Löscheinsätze noch immer zu den wesentlichen Aufgaben der Feuerwehr. Gemäß der Feuerwehr-Dienstvorschrift 3 (FwDV 3) „Einheiten im Lösch- und Hilfeleistungseinsatz" ist ein Löscheinsatz jede Einsatztätigkeit der Feuerwehr, bei der Strahlrohre vorgenommen werden, zum Beispiel der Löschangriff bei einem Brandeinsatz, der Schutz von gefährdeten Personen oder Objekten durch Abriegeln, sowie das Niederschlagen, das Abdrängen oder das Verwirbeln von gefährlichen Gasen oder Dämpfen. Ein Löscheinsatz beinhaltet bei der Vornahme von Strahlrohren auch alle Maßnahmen, die von den taktischen Einheiten zum Retten von Personen durchgeführt werden.

Abbildung 1: Schläuche, Armaturen und Zubehör!
(Quelle: Thomas Drasel, Nachrichtenportal Wiesbaden112.de)

Für die wirksame Durchführung von Löscheinsätzen wird neben Löschfahrzeugen, Feuerwehrpumpen und Löschmitteln auch eine Vielzahl von unterschiedlichen Ausrüstungen und Geräten benötigt. Hierzu gehören nicht nur die Ausrüstungen und Geräte, mit denen das unmittelbare Löschen eines Brandes bewirkt werden kann, zum Beispiel Schläuche, Strahlrohre und Armaturen, sondern auch die Ausrüstungen und Geräte, mit denen das Löschen mittelbar unterstützt beziehungsweise ermöglicht wird, zum Beispiel Schutzausrüstungen, Atemschutzgeräte oder Beleuchtungsgeräte.

Nachfolgend werden vor allem die Ausrüstungen und Geräte für den Löscheinsatz aufgeführt und näher erläutert, die auf den aktuell genormten Löschfahrzeugen als feuerwehrtechnische Standardbeladung oder als örtliche Zusatzbeladung mitgeführt werden.

2 Persönliche Schutzausrüstungen

Gemäß der DGUV Vorschrift 49 „Unfallverhütungsvorschrift Feuerwehren" muss zum Schutz der Einsatzkräfte vor den Gefährdungen bei der praktischen Ausbildung, bei Übungen und im Einsatz eine geeignete persönliche Schutzausrüstung ausgewählt, den Einsatzkräften durch den Träger der Feuerwehr zur Verfügung gestellt und von den Einsatzkräften auch getragen werden. Die persönliche Schutzausrüstung der Einsatzkräfte gliedert sich gemäß dieser Unfallverhütungsvorschrift in die Mindestausstattung sowie die spezielle persönliche Schutzausrüstung.

Zur Mindestausstattung aller Einsatzkräfte gehören die Feuerwehrschutzkleidung, der Feuerwehrhelm mit Nackenschutz, die Feuerwehrschutzhandschuhe und die Feuerwehrschutzschuhe. Diese Mindestausstattung muss den Einsatzkräften jeweils persönlich zugeteilt werden und ist grundsätzlich für den Gebrauch durch nur eine Person bestimmt. Die spezielle persönliche Schutzausrüstung ist bei besonderen Gefahren zu verwenden, muss auf die Art der Gefahren abgestimmt und in ausreichender Anzahl vorhanden sein. Zu dieser Schutzausrüstung gehören unter anderem die Feuerschutzhauben und die Feuerwehr-Haltegurte.

Hinweis: Die Mindestausstattung ist entsprechend dem Einsatzauftrag und nach Weisung des jeweiligen Einheitsführers zu ergänzen.

2.1 Feuerwehrschutzkleidung

Feuerwehrschutzkleidung soll den Körper (Rumpf, Hals, Arme und Beine) der Einsatzkräfte vor allem vor Verbrennungen durch Flammen oder Wärmestrahlung, vor bestimmten mechanischen und chemischen Einwirkungen und auch vor Nässe, Kälte oder Wind schützen. Sie müssen deshalb Mindestanforderungen erfüllen, zum Beispiel bezüglich der Einwirkung von Kontaktwärme, dem Wärmeübergang von Flammen und Strahlung, der Wasserdichtheit und dem Widerstand gegen Wasserdampfdurchgang.

Feuerwehrschutzkleidung wird in Abhängigkeit von den unterschiedlichen Gefährdungen bei der Brandbekämpfung unterschieden in

- Schutzkleidung für die Brandbekämpfung im Freien,
- Schutzkleidung für die Brandbekämpfung in Gebäuden sowie
- Schutzkleidung für die Bekämpfung von Vegetationsbränden.

Unabhängig von dieser Unterscheidung besteht die Schutzbekleidung entweder aus einer Jacke und einer Bundhose beziehungsweise einer Latzhose, aus einer Jacke und einer Kombination von Hosen oder aus einem Overall.

Hinweis: Die jeweiligen Anforderungen an diese Schutzkleidungen sind in entsprechenden Normen, in Herstellungs- und Prüfungsbeschreibungen sowie in Regelwerken der Unfallversicherer festgelegt.

2.1.1 Schutzkleidung für die Brandbekämpfung im Freien

Die Jacken und Hosen der Schutzkleidung für die Brandbekämpfung im Freien werden allgemein als Feuerwehrjacke und Feuerwehrhose bezeichnet. An diese Schutzkleidung werden aufgrund der zu erwartenden Gefahren und der Umgebung bei derartigen Einsätzen (Außenangriff und entsprechende Unterstützungstätigkeiten) bestimmte Anforderungen gestellt. Dazu gehört der Schutz vor Flammen und Wärmestrahlung, die Wasserdichtigkeit und der Wasserdampfdurchgangswiderstand. Das Obermaterial dieser Feuerwehrjacken und Feuerwehrhosen besteht aus flammenbeständigen Textilgeweben. Darunter befindet sich eine spezielle Membrane als Nässesperre.

Feuerwehrjacken haben üblicherweise einem Hochstellkragen mit Lasche und Klettverschluss, einen Frontreißverschluss mit Abdeckleiste, ein Flauschband für Namenstreifen, zwei Brusttaschen und zwei Innentaschen, jeweils mit Klettverschluss sowie Laschen mit Klettverschluss zur Weitenverstellung am Ärmelsaum. Feuerwehrhosen in Form einer Bundhose oder einer Latzhose haben üblicherweise zwei Seitentaschen sowie zwei aufgesetzte Oberschenkeltaschen und eine Gesäßtasche, jeweils mit Klettverschluss.

Abbildung 2:
Beispiele für eine Schutzkleidung für die Brandbekämpfung im Freien
(Quelle: isotemp – Heinrich Vorndamme OHG, Horn – Bad Meinberg)

Die Feuerwehrjacken und -hosen können mit senkrechter und waagerechter Bestreifung aus gelb-silber-gelben Reflexstreifen und einem Rückenschild mit der Aufschrift Feuerwehr ausgestattet werden.

2.1.2 Schutzkleidung für die Brandbekämpfung in Gebäuden

Die Jacken und Hosen der Schutzkleidung für die Brandbekämpfung in Gebäuden und sonstigen baulichen Anlagen werden allgemein als Feuerwehrüberjacke und Feuerwehrüberhose bezeichnet. An diese Schutzkleidung werden aufgrund der Gefahren durch die hohen Temperaturen bei einem Innenangriff erhöhte Anforderungen gestellt, insbesondere bezüglich dem Schutz vor Kontaktwärme, Flammen und Wärmestrahlung sowie an die Wasserdichtigkeit und der Wasserdampfdurchgangswiderstand. Das Obermaterial dieser mehrlagigen Feuerwehrüberjacken und Feuerwehrüberhosen besteht aus flammenbeständigen Textilgeweben. Darunter befindet sich eine spezielle Membrane als Nässesperre sowie ein spezielles Vlies als Isolationsschicht.

Abbildung 3:
Beispiele für eine Schutzkleidung für die Brandbekämpfung in Gebäuden
(Quelle: isotemp – Heinrich Vorndamme OHG, Horn – Bad Meinberg)

Feuerwehrüberjacken haben üblicherweise einen verlängerten Rückenbereich, einen Hochstellkragen mit Lasche und Klettverschluss, einen Schnelltrenn-Reißverschluss mit Abdeckleiste, eine Schulterpolsterung und Ellbogenverstärkungen aus speziellem Gewebe, ein Flauschband für Namenstreifen, zwei aufgesetzte Seitentaschen mit Klettverschluss, einen Karabinerhaken für Handschuhe in der linken Seitentasche, zwei aufgesetzte Brusttaschen mit einstellbarer Taschentiefe und Klettverschluss zur Unterbringung eines Handsprechfunkgerätes sowie Laschen mit Klettverschluss zur Weitenregulierung und Strickbündchen mit Daumenschlaufe am Ärmelsaum.

Feuerwehrüberhosen in Form einer Bundhose mit erhöhtem Rückenbereich haben üblicherweise längenverstellbare gepolsterte Hosenträger, einen Gummizug im Bund mit Weitenverstellung durch Klettverschluss, zwei seitliche Taschendurchgriffe mit Klettverschluss, zwei aufgesetzte Oberschenkeltaschen mit Klettverschluss, eine Tasche zusätzlich mit Messertasche, fest aufgenähte und/oder herausnehmbare Knieverstärkungen sowie eine Weitenverstellung mit Klettverschluss am Hosenbeinsaum. Die Feuerwehrüberjacken und Feuerwehrüberhosen sind darüber hinaus mit senkrechter und waagerechter Bestreifung aus gelb-silber-gelben Reflexstreifen und einem Rückenschild mit der Aufschrift Feuerwehr ausgestattet.

2.1.3 Schutzkleidung für die Bekämpfung von Vegetationsbränden

An die Schutzkleidung für die Bekämpfung von Vegetationsbränden werden aufgrund der meist hohe Außentemperaturen und der körperlichen Belastungen bei länger andauernden Einsatztätigkeiten im freien Gelände besondere Anforderungen gestellt. Diese Schutzkleidung sollte möglichst robust, leicht und flexibel, atmungsaktiv und nicht enganliegend sein sowie den notwendigen Schutz der Einsatzkräfte vor kurzzeitigem Kontakt mit Flammen, Funkenflug oder Glut bieten, ohne sie einem Wärmestau auszusetzen.

Abbildung 4:
Beispiel für eine Schutzkleidung für die Bekämpfung von Vegetationsbränden (als einteiliger Overall)
(Quelle: isotemp – Heinrich Vorndamme OHG, Horn – Bad Meinberg)

Das Material dieser einlagigen Schutzkleidung besteht aus flammenbeständigem Textilgewebe. Wesentliche Merkmale sind die enganliegenden Übergänge im Hüftbereich zwischen Jacke und Hose, zum Halsbereich und zu den Schutzhandschuhen und Schutzstiefeln, jeweils mit verstellbaren Abschlüssen. Dadurch soll vor allem das Eindringen von Funken oder heißer Asche verhindert werden.

Hinweis: Die bei den Feuerwehren üblicherweise vorgehaltene Schutzkleidung für die Brandbekämpfung in Gebäuden ist bei der Bekämpfung von Vegetationsbränden weniger geeignet, da sie aufgrund des mehrschichtigen Aufbaues, des Gewichtes und der eingeschränkten Beweglichkeit die Einsatzkräfte zusätzlich stark belastet (hoher Flüssigkeitsverlust durch vermehrtes Schwitzen, Wärmestau in der Schutzkleidung).

2.2 Feuerwehrhelme mit Nackenschutz

Feuerwehrhelme mit Nackenschutz sollen den Kopf der Einsatzkräfte weitgehend vor Verletzungen durch herabfallende oder durchdringende Gegenstände oder durch Anstoßen an Kanten oder Ecken, sowie vor Verbrennungen durch Flammen, Wärmestrahlung, abtropfende heiße Materialien oder Funken schützen. Sie werden unter anderem unterschieden in

- Feuerwehrhelme für die Brandbekämpfung in Gebäuden sowie
- Feuerwehrhelme für die Bekämpfung von Vegetationsbränden.

An diese Feuerwehrhelme werden unterschiedliche Anforderungen gestellt, die auf die jeweiligen Gefährdungen im Einsatz abgestimmt sind.

2.2.1 Feuerwehrhelme für die Brandbekämpfung in Gebäuden

Diese Feuerwehrhelme sollen die obere Kopfhälfte und den Nacken des Trägers gegen mögliche Gefährdungen schützen, die während der Brandbekämpfung in Gebäuden und anderen baulichen Anlagen auftreten können.

Zu den Anforderungen an diese Feuerwehrhelme gehören unter anderem eine Helmschale aus elektrisch nicht leitfähigem Werkstoff (Kunststoff) in nachleuchtender Ausführung, ein innenliegendes Haltesystem mit Helmbänderung und Kinnriemen sowie ein Nackenschutz.

Feuerwehrhelme für die Brandbekämpfung in Gebäuden werden in Abhängigkeit vom geschützten Bereich des Kopfes durch die Helmschale in zwei Typen unterteilt. Der Typ A („Halbschalenhelm") schützt mindestens die obere Kopfhälfte, der Typ B („Vollschalenhelm") mindestens die obere Kopfhälfte sowie zusätzlich die seitlichen Ohrenbereiche.

Helm Typ A (klassische Form)

Helm Typ A (mit integriertem Visier)

Abbildung 5: Beispiele für Feuerwehrhelme für die Brandbekämpfung in Gebäuden (Typ A), Abbildungen ohne Nackenschutz (Quelle: Dräger Safety AG & Co. KGaA, Lübeck)

Ein am Feuerwehrhelm angebrachter Nackenschutz schließt die Lücke zwischen der Unterkante des Feuerwehrhelmes und dem Kragen der Feuerwehrschutzjacke. Er schützt so den freiliegenden hinteren Hals- und Nackenbereich des Helmträgers zum Beispiel vor Flammen, Wärmestrahlung, Nässe oder heißen Materialien. Ein Nackenschutz besteht aus Leder, einem schwer entflammbaren oder einem aluminiumbedampften Textilgewebe.

2.2.2 Feuerwehrhelme für die Bekämpfung von Vegetationsbränden

Die Bekämpfung von Vegetationsbränden (Wald- und Flächenbränden) und die damit zusammenhängenden Einsatztätigkeiten erstrecken sich oftmals über längere Zeiträume bei gleichzeitig hohen sommerlichen Temperaturen. Dadurch entstehen für die Einsatzkräfte erhebliche zusätzliche Wärmebelastungen, zum Beispiel durch vermehrtes Schwitzen.

Um diese Belastungen der Einsatzkräfte zu verringern, wurden für diesen Einsatzzweck spezielle Feuerwehrhelme genormt, die vor allem leichter, komfortabler und bequemer als die sonst üblichen Feuerwehrhelme sind, gleichzeitig aber auch den notwendigen Schutz der oberen Kopfhälfte gegenüber Stößen, Flammen und Wärmestrahlung gewährleisten.

Abbildung ohne Nackenschutz

Abbildung mit zusätzlicher Schutzbrille und Feuerschutzhaube

Abbildung 6:
Beispiel für einen Feuerwehrhelm für die Bekämpfung von Vegetationsbränden
(Quelle: vft vallfirest, Vallgorguina (ES) | Dönges GmbH & Co. KG, Wermelskirchen)

Hinweis: Diese Feuerwehrhelme sind aufgrund ihrer Eigenschaften besonders für die Bekämpfung von Vegetationsbränden geeignet. Bei derartigen Einsätzen können die Einsatzkräfte aber ebenso die sonst üblichen Feuerwehrhelme für die Brandbekämpfung in Gebäuden verwenden.

2.3 Feuerwehrschutzhandschuhe

Feuerwehrschutzhandschuhe sollen die Hände und Unterarme der Einsatzkräfte vor allem vor Schnitt- und Stichverletzungen, Abschürfungen und Risswunden, vor Verbrennungen durch Flammen oder Wärmestrahlung sowie vor Verbrennungen durch Berühren heißer oder brennender Teile schützen.

Sie müssen deshalb bestimmte Mindestanforderungen erfüllen, zum Beispiel bezüglich der Abrieb-, Schnitt- und Stichfestigkeit, dem Brennverhalten sowie der Länge der Handschuhe einschließlich Stulpen.

Die genormten Feuerwehrschutzhandschuhe sind mehrlagig aufgebaut und bestehen im Wesentlichen aus schwer entflammbaren Textilgeweben oder aus Leder, wobei Handschuhe auch aus einer Kombination dieser beiden Materialien gefertigt werden. Das Innenfutter der Handschuhe und der Stulpen besteht aus engmaschigem Textilgewebe, in Verbindung mit einer wasserdichten und atmungsaktiven Membrane als Nässesperre.

Abbildung 7:
Beispiele für Feuerwehrschutzhandschuhe
(Quelle: askö GmbH, Burladingen)

Im Bereich der Handgelenke befindet sich ein eingenähter, verstärkter Gummizug, an der Unterseite am Stulpenende – teilweise auch am Handgelenk – jeweils ein Verstellriemen mit Klettverschluss sowie ein seitlicher Ring- und Karabinerhaken.

Hinweis: Die Stulpen der Feuerwehrschutzhandschuhe müssen die Ärmel der Feuerwehrschutzkleidung so weit überlappen, dass die Haut nicht freiliegt, wenn die Arme ausgestreckt werden.

2.4 Feuerwehrschutzschuhe

Feuerwehrschutzschuhe sollen die Füße und Bereiche der Unterschenkel der Einsatzkräfte weitgehend vor Verletzungen durch herabfallende Gegenstände, durch Hineintreten in spitze Gegenstände, durch Umknicken sowie durch Verbrennungen, Kälte oder Nässe schützen. Sie müssen deshalb bestimmte Mindestanforderungen erfüllen, zum Beispiel bezüglich der Durchtrittsicherheit, der Druckfestigkeit der Vorderkappe, der Flammfestigkeit, der Wärmeisolierung, der Wasserbeständigkeit und der Rutschhemmung.

Schlupfstiefel	Schnürstiefel

Abbildung 8:
Beispiele für Feuerwehrschutzschuhe
(Quelle HAIX Schuhe Produktions und Vertriebs GmbH, Mainburg)

Die genormten Feuerwehrschutzschuhe werden in Form von Schlupfstiefeln oder Schnürstiefeln verwendet. Schnürstiefel verfügen im vorderen Schaftbereich über einen Reißverschluss, der über die Reißverschlusslasche und flammenbeständige Schnürsenkel mit dem Stiefelschaft verbunden ist. Die Stiefel bestehen üblicherweise aus Leder und werden in Abhängigkeit vom vorgesehenen Einsatzzweck in drei Typen (Brandbekämpfung im Freien, Brandbekämpfung im Innenangriff, ABC-Einsatz) eingeteilt.

Zum Schutz der Füße und der Unterschenkel sind in den Stiefeln Schaftrandpolster, Mittelfuß- und Knöchelschutzpolster, naturgemäß geformte Einlegesohlen, Innenfutter in Verbindung mit wasserdichten und atmungsaktiven Membranen als Nässesperre, Zehenschutzkappen und durchtrittsichere Sohleneinlagen eingearbeitet.

Die grobstolligen Gummisohlen mit kantigen Sohlenprofilen und Leitersteg sorgen für besonders gute Rutschsicherheit, seitliche beziehungsweise rückseitige Anziehschlaufen erleichtern das Anziehen der Stiefel.

Hinweis: Schnürstiefel sollen durch einen enganliegenden Schaft einen besseren Halt gewährleisten und das seitliche Umknicken der Füße verhindern. Dies ist aber nur möglich, wenn die Schnürstiefel auch entsprechend eng geschürt werden (Herstellerangaben beachten). Eine aus Bequemlichkeit zu locker ausgeführte Schnürung ergibt keinerlei Sicherheitsgewinn!

2.5 Feuerschutzhauben

Feuerschutzhauben (auch als Flammschutzhauben bezeichnet) sollen bei einem Atemschutzeinsatz alle offenen Hautstellen im Kopf- und Halsbereich eines Atemschutzgeräteträgers, die von der Schutzkleidung, der Atemschutzmaske und dem Feuerwehrhelm nicht abgedeckt werden, vor Verbrennungen durch Flammen oder durch Wärmestrahlung schützen.

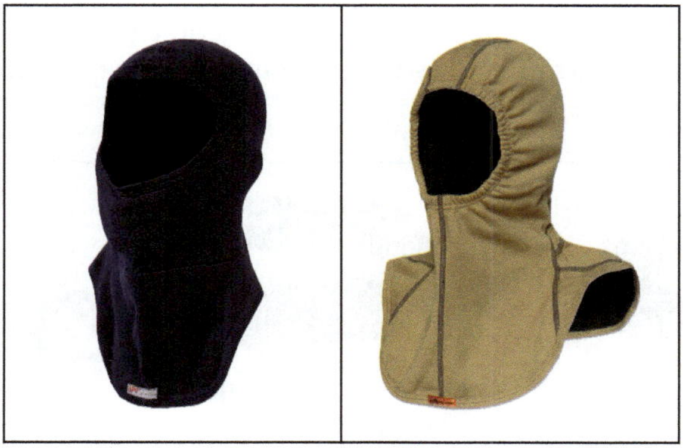

Abbildung 9: Beispiele für Feuerschutzhauben (Quelle: gfd® GmbH, Ludwigsfelde)

Die genormten Feuerschutzhauben werden aus schwer entflammbaren, textilen Geweben in zweilagiger oder in dreilagiger Ausführung gefertigt.

An der Vorderseite der Feuerschutzhauben befindet sich eine Gesichtsöffnung, die bei der Anwendung der Hauben die Atemschutzmaske umschließt. Die Unterseite der Feuerschutzhauben ist als Koller ausgeführt, der einen Überlappungsbereich mit der Feuerwehrüberjacke bildet.

Bei der Verwendung von Feuerschutzhauben ist zu beachten, dass die Feuerschutzhaube immer über der angelegten Atemschutzmaske und unter dem Feuerwehrhelm getragen wird. Die Gesichtsöffnung muss dabei an der Atemschutzmaske eng anliegen, ohne das Gesichtsfeld oder die Funktion der Maske einzuschränken. Der Koller muss durch die nachträglich geschlossene Feuerwehrüberjacke ausreichend überlappt werden.

Hinweis: Für die Bekämpfung von Vegetationsbränden werden Feuerschutzhauben verwendet, die zusammen mit partikelfiltrierenden Halbmasken getragen werden können *(siehe hierzu Abbildung 6)*.

2.6 Feuerwehr-Haltegurte

Feuerwehr-Haltegurte werden zusammen mit Feuerwehrleinen vor allem zum Halten beziehungsweise Zurückhalten von gefährdeten Personen oder Einsatzkräften verwendet. Mit dem an den Haltegurten angebrachten Sicherungsseil können sich die Einsatzkräfte in bestimmten Einsatzsituationen an geeigneten Anschlagpunkten sichern.

Typ A	**Typ B**

Abbildung 10: Feuerwehr-Haltegurte (Quelle: SITEX GmbH, Schlotheim)

Die genormten Feuerwehr-Haltegurte werden in Abhängigkeit vom jeweiligem Gurtverschlusssystem in die Typen A und B und in Abhängigkeit vom Leibumfang in sechs Größen unterteilt. Sie bestehen aus einem Polyestergurtband (Typ A), mit Lederverstärkung im Bereich der Lochpaare (Typ B), an dem eine Zweidornschnalle angebracht ist. An der Halteöse ist ein Sicherungsseil angebracht, das durch eine Lederhülle geschützt ist. Am anderen Ende des Sicherungsseiles ist ein Karabinerhaken mit Multifunktionsöse befestigt.

Hinweis: Feuerwehr-Haltegurte werden üblicherweise zusammen mit einem Feuerwehrbeil *(siehe hierzu Kapitel 10.4)* verwendet, das mit einer Schutztasche aus Leder am Feuerwehr-Haltegurt befestigt wird.

2.7 Selbstkontrolle und Testfragen

(Lösungen siehe Seite 115)

1. Welche persönliche Schutzausrüstung muss den Einsatzkräften als Mindestausstattung zur Verfügung gestellt werden?

a) Feuerwehrüberbekleidung, Feuerwehrhelm, Feuerwehrschutzhandschuhe und Feuerwehrschutzschuhe.
b) Feuerwehrschutzanzug, Feuerwehrhelm mit Nackenschutz, Feuerwehrschutzhandschuhe und Feuerwehrschutzschuhe.
c) Feuerwehranzug, Feuerwehrhelm mit Nackenpolster, Feuerwehrhandschuhe und Feuerwehrstiefel.
d) Feuerwehrschutzanzug, Feuerwehrüberjacke, Feuerwehrhelm mit Nackenschutz, Feuerwehrschutzhandschuhe und Feuerwehrschutzschuhe.

2. Welche Merkmale kennzeichnen die Feuerwehrüberjacken und Feuerwehrüberhosen?

a) Das Obermaterial besteht aus flammenbeständigen Textilgeweben.
b) Das Obermaterial besteht aus schwer entflammbaren Textilgeweben.
c) Unter dem Obermaterial befindet sich eine spezielle Membrane als Nässesperre sowie ein spezielles Vlies als Isolationsschicht.
d) Unter dem Obermaterial befindet sich eine herausnehmbare Membrane als Nässesperre.

3. Welche Anforderungen werden an Feuerwehrhelme für die Brandbekämpfung in Gebäuden gestellt?

a) Eine Helmschale aus elektrisch nicht leitfähigem Werkstoff (Kunststoff).
b) Eine Helmschale aus Kunststoff, Aluminium oder Stahl.
c) Ein innenliegendes Haltesystem mit Helmbänderung und Kinnriemen.
d) Ein Nackenschutz aus Leder, einem schwer entflammbaren oder einem aluminiumbedampften Textilgewebe.
e) Ein Nackenschutz auf Wunsch des Bestellers.

4. Vor welchen Gefahren sollen Feuerwehrschutzhandschuhe schützen?

a) Vor Schnitt- und Stichverletzungen, Abschürfungen und Risswunden.
b) Vor radioaktiven, biologischen und chemischen Stoffen.
c) Vor Verbrennungen durch Flammen oder Wärmestrahlung.
d) Vor Verbrennungen durch Berühren heißer oder brennender Teile.
e) Vor Übertragung von Krankheitserregern.

5. Welche Vorteile bieten Feuerwehrschutzschuhe in Form von Schnürstiefeln?

a) Enganliegende Schäfte, die einen besseren Halt gewährleisten und das seitliche Umknicken der Füße verhindern.
b) Reißverschlusslaschen mit flammenbeständigen Schnürsenkeln, die eine lockere Schnürung gewährleisten.
c) Reißverschlusslaschen mit flammenbeständigen Schnürsenkeln, die eine enge Schnürung ermöglichen.
d) Schnürstiefel können innerhalb der Mannschaft besser getauscht werden.

6. Was muss bei der Verwendung von Feuerschutzhauben beachtet werden?

a) Die Feuerschutzhauben immer unter der angelegten Atemschutzmaske und über dem Feuerwehrhelm tragen.
b) Die Feuerschutzhauben immer über der angelegten Atemschutzmaske und unter dem Feuerwehrhelm tragen.
c) Der Koller muss durch die nachträglich geschlossene Feuerwehrüberjacke ausreichend überlappt werden.
d) Der Koller muss auf dem Schulterbereich der geschlossenen Feuerwehrüberjacke aufliegen.

3 Atemschutzgeräte

Atemschutzgeräte ermöglichen den Einsatz der Feuerwehr auch beim Vorhandensein von Atemgiften und/oder Sauerstoffmangel in der Umgebungsluft. Die Verwendung von Atemschutzgeräten erfordert von den Einsatzkräften genaue Kenntnisse über deren jeweilige Schutzwirkung, über den Aufbau und die Funktion sowie über die Einsatzmöglichkeiten und Einsatzgrenzen der verschiedenen Atemschutzgeräte.

3.1 Einteilung

Atemschutzgeräte werden entsprechend ihrer Funktion und ihrer Schutzwirkung in Filtergeräte und Isoliergeräte eingeteilt und bestehen jeweils aus einem Atemanschluss und einem Atemfilter (Filtergeräte) beziehungsweise aus einem Atemanschluss und einem Luftversorgungssystem (Isoliergeräte).

3.2 Atemanschlüsse

Atemanschlüsse stellen die Verbindung zwischen einem Atemschutzgerät und den Atemwegen des Atemschutzgeräteträgers her. Über die Atemanschlüsse wird atembare Luft in den Nasen- und Mundbereich des Atemschutzgeräteträgers geleitet. Von den Feuerwehren werden Vollmasken oder Masken-Helm-Kombinationen als Atemanschlüsse verwendet.

3.2.1 Vollmasken

Vollmasken umschließen das Gesicht des Atemschutzgeräteträgers und bedecken dabei Augen, Nase, Mund und Kinn. Sie sichern einen angemessenen dichten Abschluss des Gesichtes gegenüber der Umgebungsluft, wenn der Kopf bewegt wird oder wenn der Atemschutzgeräteträger spricht und schützen darüber hinaus das Gesicht vor Wärmestrahlung, gefährlichen Stoffen und bestimmten mechanischen Einwirkungen.

Abbildung 11:
Vollmaske
(Quelle: Dräger Safety AG & Co. KGaA, Lübeck)

Eine Vollmaske besteht aus einem Maskenkörper, einer Kopfbänderung mit Trageband, einer Sichtscheibe, einer Innenmaske mit Steuerventilen, einem Anschlussstück für den Filter oder den Lungenautomaten sowie einem Einatemventil, einem Ausatemventil und einer Sprechmembrane.

- Der **Maskenkörper** besteht aus elastischem Material, mit einem umlaufenden Dichtrahmen, der bei richtigem Anlegen der Vollmaske an der Gesichtsfläche des Atemschutzgeräteträgers luftdicht anliegt.
- Am Maskenkörper ist eine **Kopfbänderung** aus elastischem Material mit einfach und stufenlos einstellbaren Stirn-, Schläfen- und Nackenbändern (5-Punkt-Bänderung) und einem **Trageband** angebracht.
- Im Maskenkörper ist eine stoß- und wärmebeständige **Sichtscheibe** aus speziellem Kunststoff mit einem Spannrahmen eingebaut. Durch die Form der Sichtscheibe wird gewährleistet, dass die Sicht des Atemschutzgeräteträgers nicht zu sehr beeinträchtigt oder verzerrt wird.
- Die **Innenmaske** mit den beiden **Steuerventilen** umschließt den Mund und die Nase des Atemschutzgeräteträgers und teilt das Innere der Vollmaske in einen Raum zwischen der Sichtscheibe und der Innenmaske und einen Raum im Inneren der Innenmaske. Beim Einatmen wird die Luft zuerst entlang der Innenseite der Sichtscheibe geführt und gelangt dann durch die Steuerventile in die Innenmaske.

Dadurch wird ein Beschlagen der Innenseite der Sichtscheibe verhindert. Beim Ausatmen schließen die Steuerventile der Innenmaske, sodass die Luft nur über das Ausatemventil entweichen kann.

- Im Maskenkörper ist ein **Anschlussstück** befestigt, an dem ein Filter angeschraubt oder ein Lungenautomat angeschraubt beziehungsweise eingesteckt werden kann. Die Anschlusstücke der Vollmasken in Normaldruckausführung sind mit einem Rundgewinde und die Anschlussstücke der Vollmasken in Überdruckausführung mit einem Gewinde M 45 × 3 oder einem Einheits-Steckanschluss versehen.
- Im Bereich der Luftzuführung des Anschlussstückes der Vollmaske befindet sich das **Einatemventil**, das beim Einatmen selbstständig öffnet und beim Ausatmen wieder schließt.
- Unterhalb des Anschlussstückes der Vollmaske befindet sich das **Ausatemventil**, das beim Ausatmen selbstständig öffnet und beim Einatmen wieder schließt.
- Im Anschlussstück befindet sich eine **Sprechmembrane**, die bei „normalem“ Sprechen eine bessere sprachliche Verständigung des Atemschutzgeräteträgers mit seiner Umgebung ermöglicht.

3.2.2 Masken-Helm-Kombination

Masken-Helm-Kombinationen bestehen jeweils aus einem dafür geeigneten Feuerwehrhelm und einer Maske, die mit zwei einstellbaren Verbindungselementen am Feuerwehrhelm befestigt wird. Die Verbindungselemente ersetzen die sonst an einer Vollmaske übliche Kopfbänderung. Der Feuerwehrhelm schützt den Kopf des Atemschutzgeräteträgers und dient über das Verbindungssystem als Tragevorrichtung für die Maske. Ein Absetzen des Helmes zum Ablegen der Maske ist somit nicht erforderlich.

Im Gegensatz zu der 5-Punkt-Kopfbänderung mit Stirn-, Schläfen- und Nackenbändern einer üblichen Vollmaske ergibt sich bei der Masken-Helm-Kombination jedoch nur eine 2-Punktbefestigung der Maske. Um bei der Verwendung einen einwandfreien Dichtsitz der Maske zu erreichen, muss der Atemschutzgeräteträger deshalb auf eine sehr genaue Einstellung seines Feuerwehrhelmes achten.

Abbildung 12:
Masken-Helm-Kombination
(Quelle: Dräger Safety AG & Co. KGaA, Lübeck)

3.3 Filtergeräte

Filtergeräte sind von der Umgebungsluft abhängig wirkende Atemschutzgeräte, bei denen die Umgebungsluft zunächst durch einen Filter strömt, bevor sie eingeatmet wird. Sie bestehen aus einem Atemanschluss (Vollmaske) und einem eingeschraubten Filter. Im Filter werden im bestimmten Umfang Schadstoffe aus der eingeatmeten Umgebungsluft entfernt, im Filter gebunden und dem Atemschutzgeräteträger so geeignete Atemluft zugeführt.

Abbildung 13:
Filtergerät mit Vollmaske und Kombinationsfilter
(Quelle: Dräger Safety AG & Co. KGaA, Lübeck)

Die Einsatzmöglichkeit der Filtergeräte ist von der Zusammensetzung der Umgebungsluft, von dem Aufnahmevermögen der verwendeten Filter und von der Einsatzdauer abhängig. Bei der Verwendung muss beachtet werden, dass sich Sauerstoffmangel mit einem Filtergerät nicht beheben lässt.

■ Aufbau, Arten und Wirkungsweisen der Filter

Filter bestehen aus einem Gehäuse mit einer Lufteintrittsöffnung, den inneren Filterschichten und einer Luftaustrittsöffnung mit Gewindestück zur Befestigung am Atemanschluss. Sie werden in Partikelfilter, Gasfilter und Kombinationsfilter unterschieden.

- **Partikelfilter** enthalten eine Filterschicht, die feste Partikel und flüssige Aerosole, zum Beispiel Staub, Rauch und/oder Nebel, bis zu einer bestimmten Form und Größe vorwiegend mechanisch zurückhalten. Sie werden entsprechend ihrem Rückhaltevermögen eingeteilt und mit einem weißen Ring auf dem Filtergehäuse gekennzeichnet.
- **Gasfilter** enthalten eine Filterschicht, die aufgrund ihrer porösen Oberfläche in der Lage ist, bestimmte Gase und/oder Dämpfe zu binden und aufzunehmen. Sie werden entsprechend ihrem Aufnahmevermögen eingeteilt und entsprechend ihrem Anwendungsbereich durch einen Kennbuchstaben und einen farbigen Ring auf dem Filtergehäuse gekennzeichnet.

Tabelle 1: Einteilung und Kennzeichnung der Gasfilter

Filtertyp	Kennfarbe	Anwendungsbereich
A	braun	organische Gase und Dämpfe (Aceton, Benzin, Isopropanol, Lösemittel, ...)
B	grau	anorganische Gase und Dämpfe (Chlor, Cyanwasserstoff, Schwefelwasserstoff, ...)
E	gelb	saure Gase und Dämpfe (Salzsäure, Schwefeldioxid, Essigsäure, Chlorwasserstoff, ...)
K	grün	Ammoniak und Ammoniakverbindungen
CO	schwarz	Kohlenstoffmonoxid

- **Kombinationsfilter** bestehen aus einem Partikelfilterteil und mehreren Gasfilterteilen, die zusammen in einem Filtergehäuse untergebracht sind. Um einen möglichst breiten Anwendungsbereich abdecken zu können, werden für Feuerwehreinsätze üblicherweise Kombinationsfilter des Gasfiltertypes A, B, E und K, jeweils mit Gasfilterklasse 2 und der Partikelfilterklasse P3 (ABEK2-P3-Filter) verwendet.

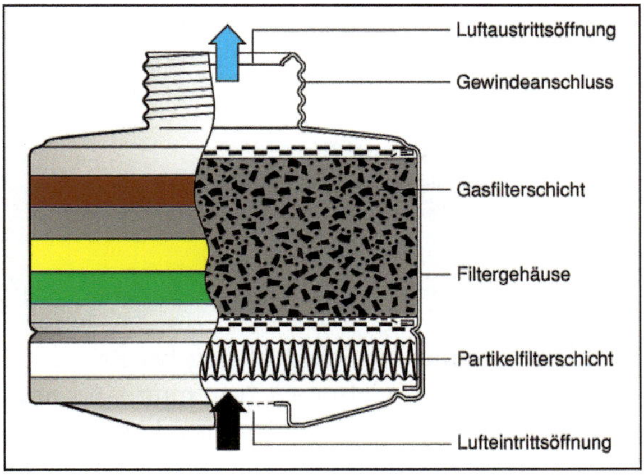

Abbildung 14: Aufbau und Kennzeichnung eines Kombinationsfilters (Quelle: MSA Deutschland GmbH, Berlin)

3.4 Filtrierende Halbmasken

Bei Vegetationsbränden besteht durch die Aufnahme von gesundheitsschädlichen Partikeln und Feinstäuben über die Atemwege eine erhöhte Gefährdung für die Einsatzkräfte. Als Atemschutz bei der Bekämpfung von Vegetationsbränden können unter bestimmten Voraussetzungen auch partikelfiltrierende Halbmasken mit Ausatemventil verwendet werden. Diese Halbmasken der Schutzstufe FFP3 bieten einen geeigneten Atemschutz gegenüber Partikeln und Feinstäuben bei gleichzeitig einfacher Handhabung und einem geringen Atemwiderstand. Sie bestehen zum Beispiel aus einem vorgeformten Maskenkörper mit umlaufender weicher Dichtlippe, einem Nasenpolster mit eingearbeiteter biegsamer Nasenklammer für eine sichere Abdichtung, einem Ausatemventil, über das die feuchte und warme Ausatemluft wirksam nach außen abführt werden kann sowie aus einer entsprechenden Kopfbänderung.

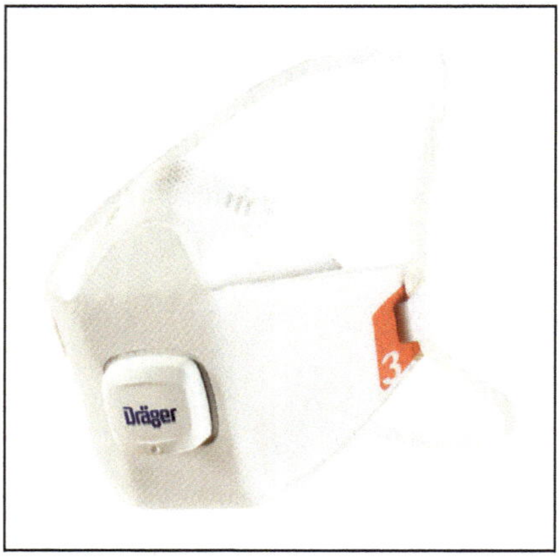

Abbildung 15:
Beispiel für eine filtrierende Halbmaske
(Quelle: Dräger Safety AG & Co. KGaA, Lübeck)

3.5 Brandfluchthauben

Brandfluchthauben (Filtergeräte mit Haube zur Selbstrettung bei Bränden) sind Filtergeräte, die nur für den einmaligen Gebrauch bestimmt sind und für eine bestimmte Zeit vor Brandrauch und Kohlenstoffmonoxid schützen. Ihre Wirkungsweise entspricht der Wirkungsweise der Filtergeräte. Sie bestehen jeweils aus einer Kopfhaube aus flammhemmendem Material, mit einem großen Sichtfenster, einer elastischen Halskrause, einem Atemanschluss und einem eingearbeiteten Kombinationsfilter (CO-P2).

Auf Löschfahrzeugen werden Brandfluchthauben mitgeführt, die von den Einsatzkräften verwendet werden, die zur Rettung von Personen in brennende oder verrauchte Gebäude vorgehen. Sind vom Brandrauch bedrohte Personen gefunden worden, können diese durch Brandfluchthauben geschützt von den Einsatzkräften über zwar verrauchte aber ansonsten sichere Wege aus dem Gebäude herausgeführt werden.

Abbildung 16:
Beispiel für eine Brandfluchthaube, mit Bereitschaftstasche
(Quelle: Dräger Safety AG & Co. KGaA, Lübeck)

3.6 Behältergeräte mit Druckluft (Pressluftatmer)

Behältergeräte mit Druckluft (Kurzbezeichnung Pressluftatmer) sind tragbare Atemschutzgeräte, die es den Einsatzkräften ermöglichen, unabhängig von der Umgebungsluft zu atmen. Ein Atemschutzgeräteträger kann sich mit einem Pressluftatmer im begrenzten Umfang unabhängig vom Ort und unabhängig von der vorliegenden Umgebungsluft frei bewegen. Die Verwendungsdauer wird dabei durch den begrenzten Atemluftvorrat zeitlich beschränkt.

■ Funktion der Pressluftatmer

Die von den Atemschutzgeräteträgern benötigte schadstofffreie Atemluft wird verdichtet in Druckluftflaschen mitgeführt und dem Atemschutzgeräteträger über den Atemanschluss (Vollmaske) bedarfsabhängig zugeführt. Die Einatemluft wird über einen Druckminderer und einen atemgesteuerten Lungenautomaten, der mit der Vollmaske verbunden ist, aus den Druckluftflaschen entnommen. Pressluftatmer werden in Abhängigkeit von den Druckverhältnissen im Innenraum der Vollmaske in Geräte in Normaldruckausführung und Geräte in Überdruckausführung unterschieden.

■ Bauteile der Pressluftatmer

Die wesentlichen Bauteile eines Pressluftatmers sind die Tragevorrichtung mit der Begurtung, der Druckminderer, die Druckluftflasche(n), der Lungenautomat und der Atemanschluss (Vollmaske).

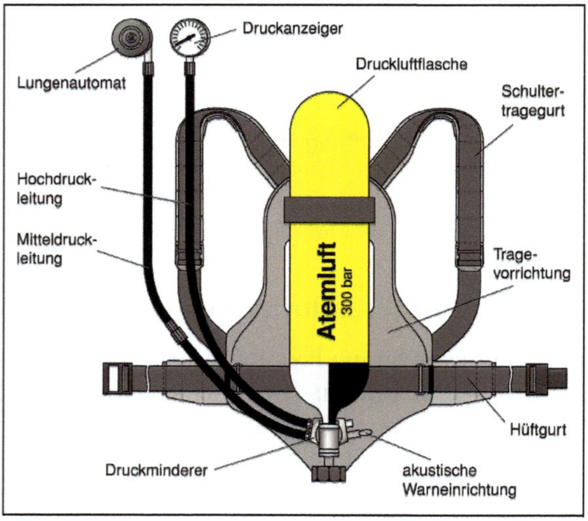

Abbildung 17:
Bauteile eines Pressluftatmers (Quelle: MSA Deutschland GmbH, Berlin)

- Die **Tragevorrichtung** besteht aus einer körpergerecht geformten Trageplatte aus Kunststoff. Im oberen Bereich befindet sich die Halterung für die Druckluftflasche(n) mit dem dazugehörenden Flaschenspannband. Im unteren Bereich, der gleichzeitig als Stoßschutz ausgebildet ist, ist der Druckminderer gelenkig auf einer Lagerplatte befestigt.
- Die **Begurtung** mit den in der Länge verstellbaren Schultertragegurten und dem Hüftgurt ermöglicht das Tragen des Pressluftatmers. Üblicherweise befindet sich am linken Schultertragegurt eine Befestigungsmöglichkeit für den Druckanzeiger.
- Durch den **Druckminderer** wird der Druck der angeschlossenen Druckluftflasche(n) auf einen gleichbleibenden Mitteldruck von etwa 2 Bar bis 10 Bar verringert. Der Druckminderer enthält das Sicherheitsventil und eine akustische Warneinrichtung.

- Der **Druckanzeiger** zeigt nach dem Öffnen der Druckluftflasche(n) durch Ziffern und Zeiger beziehungsweise eine elektronische Anzeige den Druck in der/den Druckluftflasche(n) an und ermöglicht so die fortgesetzte Ermittlung und Kontrolle des Behälterdruckes.
- Die akustische **Warneinrichtung** spricht ab einem Flaschendruck von unter 55 Bar (plus/minus 5 Bar) an. Dabei gibt sie ein andauerndes Pfeifsignal ab und macht so den Atemschutzgeräteträger zusätzlich auf den zu Ende gehenden Atemluftvorrat aufmerksam.
- Der Atemluftvorrat wird in **Druckluftflaschen** aus Stahl oder Verbundmaterial mitgeführt, die mit schadstofffreier, getrockneter Atemluft gefüllt sind. Das Volumen der Druckluftflaschen beträgt je nach Werkstoff und Ausführung des Pressluftatmers 4 Liter, 6 Liter oder 6,8 Liter, der Nenn-Fülldruck beträgt 200 Bar oder 300 Bar.
- Durch einen **Lungenautomaten** wird dem Atemschutzgeräteträger die benötigte Einatemluft im Rhythmus seiner Einatmung zugeführt. Damit es beim Anschluss an den Vollmasken nicht zu Verwechselungen kommt, sind die Lungenautomaten mit unterschiedlichen Anschlusssystemen ausgestattet. Der Anschluss erfolgt bei Vollmasken in Normaldruckausführung über ein Rundgewinde, bei Vollmasken in Überdruckausführung über ein Gewinde M 45 × 3 oder einen Einheits-Steckanschluss. Äußerlich unterscheiden sich Lungenautomaten in Überdruckausführung zudem durch eine rote Farbkennzeichnung.

Rundgewinde	Gewinde M 45 × 3	Einheits-Steckanschluss

Abbildung 18: Lungenautomaten mit unterschiedlichen Anschlusssystemen (Quelle: MSA Deutschland GmbH, Berlin)

3.7 Regenerationsgeräte

Regenerationsgeräte sind Atemschutzgeräte (Isoliergeräte), die unabhängig von der Umgebungsluft wirken. Die Versorgung des Atemschutzgeräteträgers mit Atemluft erfolgt aus dem Gerät heraus. Die Ausatemluft des Atemschutzgeräteträgers wird dabei nicht in die Umgebungsluft abgegeben, sondern über einen Atemschlauch dem Regenerationsgerät wieder zugeführt und dort regeneriert („aufgefrischt“). Innerhalb des Gerätes wird das in der Ausatemluft enthaltene Kohlenstoffdioxid in einer Regenerationspatrone chemisch gebunden und der beim Atmen verbrauchte Sauerstoff durch im Gerät mitgeführten Sauerstoff ergänzt. Die so aufbereitete Atemluft wird dem Atemschutzgeräteträger über einen weiteren Atemschlauch wieder als Einatemluft zugeführt. Die mögliche Einsatzdauer der Regenerationsgeräte liegt mit bis zu vier Stunden erheblich über der von Pressluftatmern.

Abbildung 19:
Einsatz von Regenerationsgeräten im Rahmen einer Einsatzübung in einem Tunnel
(Quelle: Thomas Drasel, Nachrichtenportal Wiesbaden112.de)

Regenerationsgeräte werden nur in besonderen Einsatzsituationen, zum Beispiel in baulichen Anlagen mit langen Anmarschwegen, an ausgedehnten Einsatzstellen, in Eisenbahn- oder Straßentunneln oder sonstigen unterirdischen Verkehrsanlagen verwendet.

3.8 Selbstkontrolle und Testfragen

(Lösungen siehe Seite 115)

1. Wie werden Atemschutzgeräte entsprechend ihrer Funktion und Schutzwirkung eingeteilt?

a) In Filtergeräte.
b) In Schutzgeräte.
c) In Fluchtgeräte.
d) In Isoliergeräte.

2. Welche Atemanschlüsse werden von den Feuerwehren verwendet?

a) Halbmasken.
b) Vollmasken.
c) Mundstückgarnituren.
d) Masken-Helm-Kombinationen.

3. Welche Aussagen über Filtergeräte sind richtig?

a) Filtergeräte bestehen aus einem Atemanschluss und einem Filter.
b) Filtergeräte sind von der Umgebungsluft unabhängig.
c) Filtergeräte entfernen Schadstoffe aus der eingeatmeten Umgebungsluft.
d) Filter sind unbegrenzt einsetzbar.

4. Welche Aussagen über Pressluftatmer sind richtig?

a) Pressluftatmer sind von der Umgebungsluft unabhängig.
b) Pressluftatmer werden in Normaldruckausführung und Überdruckausführung unterschieden.
c) Pressluftatmer führen dem Atemschutzgeräteträger regenerierten Sauerstoff aus Druckbehältern zu.
d) Pressluftatmer führen dem Atemschutzgeräteträger geeignete Atemluft aus Druckluftflaschen zu.

4 Löschgeräte

Löschgeräte sind die handbetätigten Geräte, die aufgrund ihrer sofortigen Betriebsbereitschaft, ihrer weitgehend einfachen Handhabung und ihrer Beweglichkeit vorwiegend bei der Brandbekämpfung verwendet werden und zum Aufbringen von Löschmitteln vorgesehen und geeignet sind. Sie werden in Kleinlöschgeräte, tragbare Feuerlöscher, Schaumlöschgeräte sowie sonstige Geräte unterteilt.

4.1 Kleinlöschgeräte

Kleinlöschgeräte sind tragbare und von Hand betätigte Löschgeräte, die nur ein begrenztes Löschvermögen haben und daher nur zum Ablöschen von Entstehungsbränden, von Kleinbränden oder für Nachlöscharbeiten verwendet werden. Auch wenn den Feuerwehren schon in der ersten Phase eines Einsatzes leistungsfähige Löschfahrzeuge, Ausrüstungen und Geräte sowie größere Mengen an Löschmitteln zur Verfügung stehen, hat die Verwendung von Kleinlöschgeräten nicht an Bedeutung verloren. Zu den Kleinlöschgeräten gehören die Kübelspritzen und die Löschrucksäcke.

4.1.1 Kübelspritzen

Kübelspritzen sind tragbare Löschgeräte, mit denen Löschwasser aus einem Behälter (Kübel) mit einem handbetätigten Pumpwerk und einem angeschlossenen Schlauch mit Strahlrohr zum Löschen eingesetzt werden kann. Sie werden von zwei Einsatzkräften bedient und hauptsächlich zum Löschen von Entstehungsbränden, Kleinbränden der Brandklasse A oder bei Nachlöscharbeiten zum Ablöschen von Brandnestern eingesetzt.

Hinweis: Kübelspritzen werden in ständig gefülltem Zustand auf genormten Löschfahrzeugen als Bestandteil der feuerwehrtechnischen Beladung mitgeführt.

Der zylindrische Behälter einer Kübelspritze hat ein Volumen von 10 Liter, besteht aus korrosionsgeschütztem Stahlblech und hat im oberen Bereich einen Tragebügel. Das Unterteil des Behälters hat eine Einstellöffnung zum Einsetzen des Fußes der Einsatzkraft, damit die Kübelspritze während des Pumpens stabilisiert wird und beim Hochziehen des Kolbenrohres ein ausreichender Druck erzeugt werden kann. Der obere Abschluss ist in der einen Hälfte fest verschlossen und dient zur Befestigung des Pumpwerkes. Die andere Hälfte ist mit einer Einfüllöffnung versehen, deren aufklappbarer Deckel mit einem Hebelverschluss im geschlossenen Zustand gesichert wird. Über diese Einfüllöffnung lässt sich die Kübelspritze – auch während des Pumpbetriebes – mit Wasser nachfüllen.

Abbildung 20:
Kübelspritze, mit Strahlrohr ohne Absperrung
(Quelle: AWG Fittings GmbH, Ballendorf)

Das in den wesentlichen Teilen aus Messing gefertigte Pumpwerk besteht aus dem Pumpengehäuse mit zylindrischem Mantelrohr, dem Saugventil, dem innenliegenden Kolbenrohr mit Griffhalter für den Griff aus Hartholz oder Kunststoff und dem Druckventil.

Das Pumpwerk ist doppeltwirkend ausgeführt, das heißt, es saugt und drückt gleichzeitig. Somit wird statt einem stoßweisen Löschstrahl ein weitgehend gleichbleibender Löschstrahl mit einer Wurfweite von etwa 7 Meter bis 10 Meter erzeugt. Am Pumpengehäuse ist eine D-Festkupplung befestigt, an der ein 5 Meter langer D-Druckschlauch mit einem Mehrzweckstrahlrohr mit Schaltorgan oder ein handelsübliches Strahlrohr mit Vollstrahl, jedoch ohne Absperrung befestigt ist.

4.1.2 Löschrucksäcke

Löschrucksäcke sind Löschgeräte, mit denen Wasser aus einem auf dem Rücken zu tragenden Behälter mit einem an einem Schlauch angeschlossenen handbetätigten Pumpwerk mit Düse zum Löschen eingesetzt werden kann. Sie werden hauptsächlich zur Brandbekämpfung bei Vegetationsbränden in unwegsamem Gelände eingesetzt, vor allem zum Ablöschen von Brandnestern und zur Durchführung von Nachlöscharbeiten.

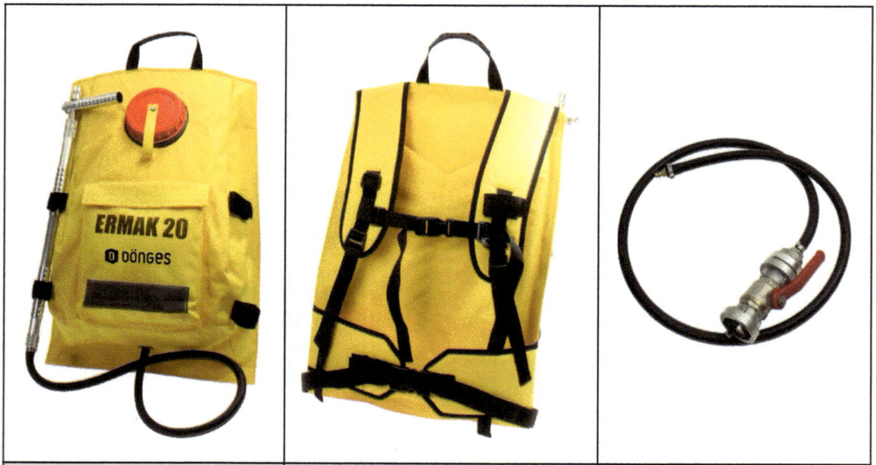

Behälter mit Löschlanze	Trageeinrichtung	Befülleinrichtung

Abbildung 21: Beispiel für einen Löschrucksack
(Quelle: Dönges GmbH & Co. KG, Wermelskirchen)

Der flexible Behälter eines Löschrücksackes mit einem Volumen von etwa 20 Liter besteht aus einem beschichteten Kunststoffgewebe mit einer verschließbaren Füllöffnung. Am Behälter ist eine Trageeinrichtung angebracht, mit Tragegriff, verstellbaren Trage- und Beckengurten und einem Brustgurt.

Die Löschlanze enthält ein eingebautes doppeltwirkendes Pumpwerk, das wie bei einer Kübelspritze wirkt, und eine von Vollstrahl auf Sprühstrahl umstellbare Löschdüse. Löschrucksäcke werden jeweils durch eine Befülleinrichtung ergänzt, die aus einem einfachen Kunststoffschlauch besteht, der aus einer Seite mit einer Schnellkupplung zum Anschluss an den Löschrucksack und auf der anderen Seite mit einer Festkupplung D und einer Absperreinrichtung zum Anschluss an eine D-Schlauchleitung ausgerüstet ist.

4.2 Tragbare Feuerlöscher

Feuerlöscher sind Löschgeräte zur Bekämpfung von Entstehungsbränden, das heißt, von Bränden mit geringer Rauchentwicklung und Wärmeentwicklung, bei denen noch eine weitgehend gefahrlose Annäherung bei freier Sicht auf den Brandherd möglich ist. Tragbare Feuerlöscher haben eine Masse von maximal 20 Kilogramm und können von einer Einsatzkraft getragen und von Hand bedient werden. Sie werden hinsichtlich der enthaltenen Löschmittel, der Füllmengen, der Bevorratung der Treibmittel, der Zuordnung zu einer Brandklasse und dem Löschvermögen unterschieden.

■ Benennung und Füllmengen

Tragbare Feuerlöscher werden nach der Art des jeweils enthaltenen Löschmittels benannt und in Wasser-Feuerlöscher, Schaum-Feuerlöscher, Pulver-Feuerlöscher und Kohlendioxid-Feuerlöscher unterschieden.

Die Füllmenge ist die im Feuerlöscher enthaltene Menge des Löschmittels abzüglich der Menge der Treibmittel. Sie wird bei Wasser- und Schaum-Feuerlöschern als Volumen (in Liter) und bei Pulver- und Kohlenstoffdioxid-Feuerlöschern als Masse (in Kilogramm) angegeben.

Wasser-Feuerlöscher	Schaum-Feuerlöscher	Pulver-Feuerlöscher	Kohlendioxid-Feuerlöscher

Abbildung 22: Beispiel für tragbare Feuerlöscher
(Quelle: GLORIA GmbH, Wadersloh)

Die Nennfüllmengen der auf den genormten Löschfahrzeugen mitgeführten Pulver-Feuerlöscher beträgt 6 Kilogramm, die Nennfüllmenge der gegebenenfalls mitgeführten Kohlenstoffdioxid-Feuerlöscher beträgt 5 Kilogramm.

■ Löschmittel

Löschmittel sind die festen, flüssigen oder gasförmigen Stoffe, die in den jeweiligen Feuerlöschern enthalten sind und die bei ihrem Einsatz das Löschen eines Brandes bewirken. Da es kaum möglich ist, mit nur einem Löschmittel alle möglichen Arten von Bränden sicher zu löschen, werden Feuerlöscher mit unterschiedlichen Löschmitteln hergestellt und bereitgehalten. Für die Auswahl eines geeigneten Feuerlöschers ist das Brandverhalten des jeweils brennenden Stoffes maßgebend.

- Als Löschmittel **Wasser** wird „normales" Wasser verwendet oder Wasser mit zusätzlichen Netzmitteln, die die Oberflächenspannung des Wassers herabsetzen. Wasser ist besonders für die Anwendung bei Bränden von festen Stoffen geeignet.
- Als Löschmittel **Schaum** werden vorgemischte Lösungen aus Schaumkonzentrat und Wasser verwendet. Schaum ist für die Anwendung bei Bränden von festen und flüssigen Stoffen geeignet.
- Als Löschmittel **Pulver** wird fein gemahlenes Pulver in verschiedenen chemischen Zusammensetzungen verwendet. Das Pulver wird entsprechend seiner Eignung zum Löschen von Bränden eingeteilt und bezeichnet. ABC-Löschpulver ist für die Anwendung bei Bränden von festen, flüssigen oder gasförmigen Stoffen geeignet, BC-Löschpulver für die Anwendung bei Bränden von flüssigen oder gasförmigen Stoffen und D-Löschpulver für die Anwendung bei Bränden von Metallen.
- Das Löschmittel **Kohlenstoffdioxid** ist ein farbloses und elektrisch nichtleitendes Gas, das den für eine Verbrennung notwendigen Sauerstoff verdrängt. Über einen Schlauch mit Schneerohr oder eine Nebeldüse tritt der größte Teil des Kohlenstoffdioxids als „Kohlensäureschnee" aus dem Feuerlöscher aus. Kohlenstoffdioxid ist besonders für die Anwendung bei Bränden von flüssigen Stoffen geeignet.

■ Treibmittel

Um das Löschmittel aus einem Feuerlöscher unter Druck auszustoßen, sind Treibmittel notwendig, die zusammen mit dem Löschmittel im Löschmittelbehälter (Dauerdrucklöscher) oder in einem gesonderten innen oder außen angebrachten Treibmittelbehälter (Aufladelöscher) vorgehalten werden. Als Treibmittel werden Luft oder verschiedene Gase verwendet. Kohlenstoffdioxid-Feuerlöscher enthalten kein Treibmittel, da Kohlenstoffdioxid gleichzeitig ein Löschmittel und ein Druckgas ist.

Hinweis: Die Zeit, in der das Löschmittel durchgehend aus einem betätigten Feuerlöscher austritt, beträgt in Abhängigkeit von der enthaltenen Füllmenge etwa 6 Sekunden bis 15 Sekunden.

■ Konstruktive Ausführung

Tragbare Feuerlöscher bestehen grundsätzlich aus den folgenden Bauteilen:

- Ein zylindrischer Löschmittelbehälter aus speziellem Stahl oder Aluminium, der auch das Treibmittel aufnehmen kann, und gegebenenfalls einem zusätzlichen Treibmittelbehälter.
- Ein Verschlussteil, das mit einer automatischen Einrichtung für das Entlüften von Restdruck aus dem Feuerlöscher ausgestattet ist.
- Eine Auslöseeinrichtung zur Inbetriebnahme des Feuerlöschers, zum Beispiel ein Handventil, ein Schlagknopf, ein Zug- oder ein Druckhebel. Die Auslöseeinrichtung wird durch einen Draht, einen Sicherungsstift oder eine Sicherungslasche gegen unbeabsichtigtes Auslösen gesichert.
- Eine selbstschließende Unterbrechungseinrichtung, mit der die Ausbringung des Löschmittels zeitweise unterbrochen werden kann.
- Eine Schlauchleitung mit einer Löschdüse, gegebenenfalls mit Unterbrechungseinrichtung, oder mit einem Schneerohr.

■ Löschvermögen

Tragbare Feuerlöscher werden an unterschiedlich großen Prüfobjekten getestet, zum Beispiel an kreuzweise gestapelten Holzstäben, die mit einer brennbaren Flüssigkeit entzündet werden oder an einer Wanne mit einer bestimmten Menge einer brennbaren Flüssigkeit. Die Feuerlöscher werden dann nicht mehr nach der Löschmittelmenge, sondern nach dem tatsächlichen Löschvermögen eingestuft, das durch eine Zahlen-Buchstaben-Kombination angegeben wird, zum Beispiel 43 A oder 89 B. Die Zahl bezeichnet die Größe des Prüfobjektes, der Buchstabe die Brandklasse.

■ Beschriftung

Das Beschriftungsfeld eines Feuerlöschers enthält unter anderem Angaben über die Art des Löschmittels, die Nennfüllmenge und das Löschvermögen, eine textliche und bildliche Darstellung der Bedienungsanleitung sowie Hinweise auf bestimmte Gefahren bei der Verwendung.

Abbildung 23:
Beschriftungsfeld
(Quelle: GLORIA GmbH, Wadersloh)

4.3 Tragbare Schaumgeräte

Das Löschmittel Schaum wird durch eine innige Durchmischung von Wasser mit einem Schaummittel und Luft gebildet. Dieses Löschmittel wird zum Ablöschen von Bränden eingesetzt, die mit Wasser nicht oder nur unzureichend bekämpft werden können, zum Beispiel Brände der Brandklasse B und zum Teil auch Brände der Brandklasse A.

Um das Löschmittel Schaum einzusetzen, werden für die Zugabe des Schaummittels zum Löschwasser ein Zumischer, ein Ansaugschlauch und Behälter mit Schaummittel benötigt. Die Zumischung von Umgebungsluft zum Wasser-/Schaummittelgemisch erfolgt dann im Schaumstrahlrohr.

4.3.1 Zumischer

Das für die Erzeugung von Schaum benötigte Schaummittel wird über regelbare Zumischer dem Löschwasserstrom zugemischt. Zumischer bestehen im Wesentlichen aus

- einem Gehäuse mit Füßen und je einer Festkupplung an der Eingangs- und Ausgangsseite, mit einem auf dem Gehäuse angebrachten Richtungspfeil, der die erforderliche Durchflussrichtung des Löschwassers angibt,
- einer D-Festkupplung quer zur Durchflussrichtung auf dem Gehäuse, zum Anschluss des Ansaugschlauches sowie
- einer mit einem Handrad stufenlos einstellbaren Einrichtung zur Regelung der Zumischung von 0,1 Prozent bis zu 6 Prozent Schaummittel.

Abbildung 24:
Zumischer Z 4 R
(Quelle: AWG Fittings GmbH, Ballendorf)

An die D-Festkupplung wird ein Ansaugschlauch angeschlossen und das andere Ende des Schlauches in den Schaummittelbehälter gesteckt. Wird der Zumischer dann vom Löschwasser durchströmt, entsteht im Ansaugraum des Zumischers durch eine Querschnittsverengung an einer Treibdüse ein Unterdruck, der das Schaummittel aus dem Schaummittelbehälter ansaugt.

In Abhängigkeit der Durchflussmenge des Löschwassers werden regelbare Zumischer in folgende Typen unterschieden:

Tabelle 2: Größen der üblicherweise verwendeten Zumischer

Typ	Durchflussmenge	Festkupplungen
Z 2 R	200 Liter pro Minute	C
Z 4 R	400 Liter pro Minute	B
Z 8 R	800 Liter pro Minute	B

4.3.2 Ansaugschlauch

Der Ansaugschlauch wird zum Ansaugen von Schaummittel eingesetzt und stellt die Verbindung zwischen Zumischer und Schaummittelbehälter her.

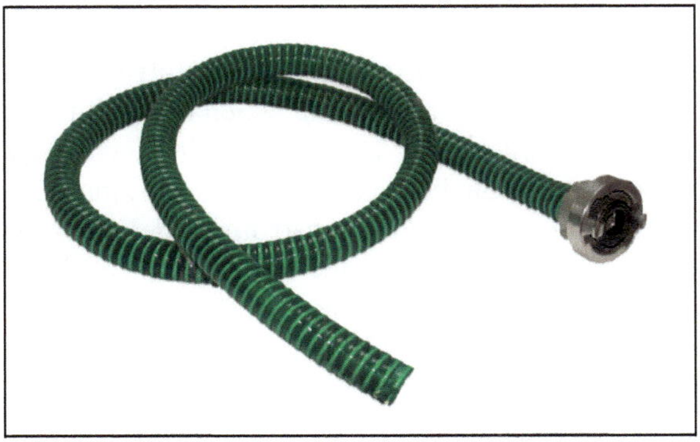

Abbildung 25:
Ansaugschlauch
(Quelle: AWG Fittings GmbH, Ballendorf)

Er besteht aus einem biegsamen, durchscheinenden Kunststoffschlauch mit einer Spiral- oder Gewebeeinlage, der das Fließen des Schaummittels innerhalb des Schlauches erkennen lässt. Auf der einen Seite ist der Ansaugschlauch mit einer D-Kupplung versehen; auf der anderen Seite ist das Schlauchende so eingekerbt, dass es sich beim Ansaugen nicht an den Wandungen des Schaummittelbehälters „festsaugen“ kann. Der Nenndurchmesser beträgt üblicherweise 20 Millimeter, die gestreckte Länge 1.500 Millimeter.

4.3.3 Schaummittelbehälter

Schaummittelbehälter sind tragbare Gefäße mit einem Nenninhalt von 20 Liter, in denen Schaummittel einsatzfertig auf Feuerwehrfahrzeugen mitgeführt wird. Sie werden aus gelb eingefärbtem Polyethylen (PE) hergestellt und müssen so weit transparent sein, dass der jeweilige Füllstand erkennbar ist.

4.3.4 Schaumstrahlrohre

In Schaumstrahlrohren wird das im Zumischer erzeugte Wasser-Schaummittel-Gemisch durch Ansaugen von Umgebungsluft zum fertigen Löschschaum verschäumt und im freien Strahl ausgebracht. Sie werden verwendet, um Schaum gezielt abzugeben, Brandobjekte zu fluten oder abzudecken. Schaumstrahlrohre sind tragbar, werden unmittelbar von Hand bedient und hinsichtlich der Verschäumung und dem Volumenstrom unterteilt.

Die Menge der im Schaumstrahlrohr zugeführten Umgebungsluft entscheidet darüber, um wie viel größer das Volumen des fertigen Schaumes im Vergleich zum Wasser-Schaummittel-Gemisch ist. Dieses Verhältnis wird als Verschäumungszahl (VZ) bezeichnet. Üblicherweise werden Schaumstrahlrohre für Schwer- und Mittelschaum mit Volumenströmen des Wasser-Schaummittel-Gemisches von 200 Liter, 400 Liter oder 800 Liter pro Minute und Verschäumungszahlen zwischen 4 und 200 verwendet.

Tabelle 3: Typen und technische Daten der tragbaren Schaumstrahlrohre

Typ	Verschäumung	Volumenstrom	Kupplung
S 2	Schwerschaum 4 bis 20	200 L/min	C
S 4		400 L/min	B
S 8		800 L/min	B
M 2	Mittelschaum über 20 bis 200	200 L/min	C
M 4		400 L/min	B
M 8		800 L/min	B

■ Schaumstrahlrohre für Mittelschaum

Schaumstrahlrohre für Mittelschaum bestehen aus einem Schaltorgan mit Kugelhahnabsperrung und Festkupplung, einem Manometer zur Kontrolle des Eingangsdruckes, einer hinter dem Schaltorgan angebrachten Düse, einem Gehäuse mit Luftansaugöffnungen und Veredlersieb sowie einem Handgriff auf dem Gehäuse.

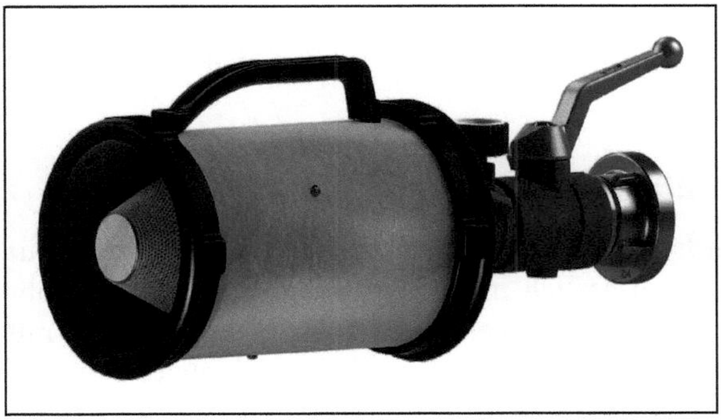

Abbildung 26:
Schaumstrahlrohr für Mittelschaum
(Quelle: AWG Fittings GmbH, Ballendorf)

Das mit einem Druck von mindestens 5 Bar durch die Düse in das Gehäuse einströmende Wasser-Schaummittel-Gemisch saugt infolge der Injektorwirkung im Düsenkörper Umgebungsluft an, bildet feine Tropfen und trifft so auf das im Gehäuse angebrachte Veredlersieb. Hier wird ein gleichmäßiger Schaumstrahl erzeugt. Mittelschaum wird vorwiegend zur Flutung von Räumen und zur Abdeckung brennbarer Flüssigkeiten eingesetzt.

■ Schaumstrahlrohre für Schwerschaum

Schaumstrahlrohre für Schwerschaum bestehen aus einem Schaltorgan mit Kugelhahnabsperrung und Festkupplung, einer hinter dem Schaltorgan angebrachten Düse, einem Leitrohr mit Luftansaugöffnungen und einem Handgriff auf dem Leitrohr. Das mit einem Druck von mindestens 5 Bar als feiner Sprühstrahl aus der Düse in das Leitrohr einströmende Wasser-Schaummittel-Gemisch saugt durch die Luftansaugöffnungen Umgebungsluft an und bildet dann im Leitrohr mit dieser Luft einen gleichmäßigen Schaumstrahl.

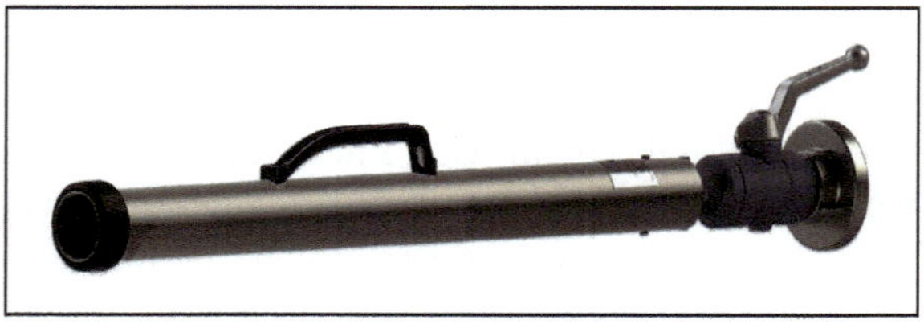

Abbildung 27:
Schaumstrahlrohr für Schwerschaum
(Quelle: AWG Fittings GmbH, Ballendorf)

Schwerschaum wird vorwiegend dort eingesetzt, wo in Verbindung mit der Löschwirkung ein erhöhter Kühleffekt sowie eine große Schaum-Wurfweite erforderlich sind.

■ Kombinations-Schaumstrahlrohre

Kombinations-Schaumstrahlrohre sind zunächst wie Schaumstrahlrohre für Mittelschaum aufgebaut und zusätzlich mit einem innenliegenden Leitrohr für Schwerschaum und einem Umschalthebel ausgerüstet. Somit kann mit nur einem Schaumstrahlrohr durch einfaches Umschalten wahlweise entweder Mittelschaum oder Schwerschaum erzeugt werden.

Abbildung 28:
Kombinations-Schaumstrahlrohr
(Quelle: AWG Fittings GmbH, Ballendorf)

Hinweis: Auf den genormten Löschgruppenfahrzeugen sowie den Tanklöschfahrzeugen TLF 3000 und TLF 4000 wird jeweils ein Kombinations-Schaumstrahlrohr S4/M4 mitgeführt, auf den Tanklöschfahrzeugen TLF 4000 zusätzlich ein Schaumstrahlrohr für Schwerschaum S8.

4.4 Sonstige Löschgeräte

Sonstige Löschgeräte erzielen ihre Löschwirkung nicht durch die Verwendung von Löschmitteln. Mit ihnen kann ein Brand vielmehr durch Ausschlagen oder Trennen gelöscht werden. Zu diesen Geräten gehören zum Beispiel Feuerpatschen, Wiedehopfhacken und Schornstein-Werkzeugkästen.

4.4.1 Feuerpatschen

Feuerpatschen sind einfach zu handhabende und leicht zu transportierende Handwerkzeuge, die zur Brandbekämpfung bei Vegetationsbränden und ähnlichen Flächenbränden eingesetzt werden können.

Abbildung 29:
Feuerpatsche (ohne Holzstiel)
(Quelle: Dönges GmbH & Co. KG, Wermelskirchen)

Sie sind mit fächerförmig angeordneten schmalen Blechstreifen aus gehärtetem Federstahl bestückt, mit denen Feuer oder Glut ausgeschlagen werden kann. Dabei ist es günstig, seitwärts „fegend“ mit einer Feuerpatsche zu arbeiten. Zur einfacheren Unterbringung auf Löschfahrzeugen kann der dazu gehörende 2,40 Meter lange Holzstiel mit einer Flügelschraube leicht von der Feuerpatsche gelöst werden.

4.4.2 Wiedehopfhacken

Wiedehopfhacken sind einfach zu handhabende und leicht zu transportierendes Handwerkzeuge, die zur Brandbekämpfung bei Vegetationsbränden und ähnlichen Flächenbränden eingesetzt werden, um zum Beispiel im Boden verborgene Glutnester freizulegen. Sie sind eine Kombination aus einer geschmiedeten Hacke und einer Axt, mit geschärften Schneidkanten und einem etwa ein Meter langen Holzstiel.

Abbildung 30:
Wiedehopfhacke
(Quelle: SHW Schmiedetechnik GmbH & Co. KG, Baiersbronn, www.shw-fire.de)

Hinweis: Im genormten Zusatzbeladungssatz für Vegetationsbrände, der auf Löschfahrzeugen mitgeführt werden kann, ist eine Wiedehopfhacke mit Schneidenschutz oder ein ähnliches Hackwerkzeug enthalten.

4.4.3 Schornstein-Werkzeugkasten

Durch Ablagerungen von Ruß auf den Innenseiten eines Schornsteines kann ein Brand innerhalb eines Schornsteines entstehen. Aufgrund der dabei entstehenden hohen Temperaturen darf kein Wasser als Löschmittel eingesetzt werden. Das eingesetzte Wasser würde schlagartig verdampfen und den Schornstein gegebenenfalls auseinanderreißen.

Die Einsatzmaßnahmen beschränken sich in den meisten Fällen auf ein kontrolliertes Ausbrennen. Besteht dabei die Gefahr, dass der Schornstein durch den sich ausdehnenden Ruß verstopft, kann er mit Werkzeugen und Hilfsmitteln eines Schornstein-Werkzeugsatzes freigemacht werden.

Ein genormter Schornstein-Werkzeugkasten enthält die für den Einsatz bei einem Schornsteinbrand häufig benötigten Werkzeuge und Hilfsmittel. Der Inhalt dieses Werkzeugkastens ist aufgeteilt in einen Werkzeugsatz für die Reinigung unten, das heißt, für den Einsatz am Schornstein im Keller- oder Geschossbereich und einen Werkzeugsatz für die Reinigung oben, das heißt, für den Einsatz am Schornsteinkopf im Dachbereich. Der Werkzeugsatz für die Reinigung oben ist in einer umhängbaren Tasche beziehungsweise einem umhängbaren Beutel untergebracht. Die Tasche beziehungsweise der Beutel mit Inhalt wird zusammen mit dem Werkzeugsatz für die Reinigung unten in einem Kasten untergebracht.

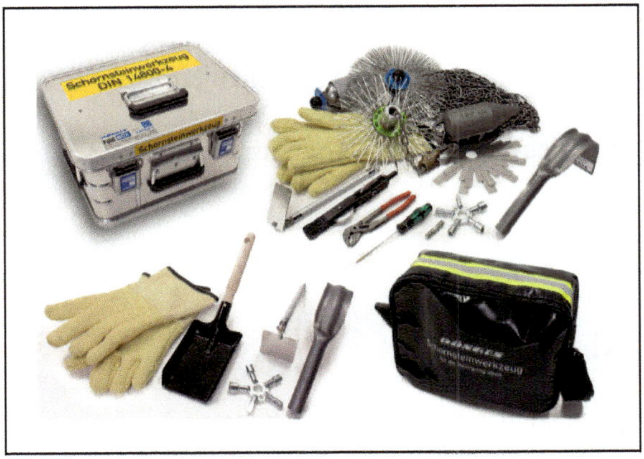

Abbildung 31:
Werkzeuge und Hilfsmittel eines Schornstein-Werkzeugkastens
(Quelle: Dönges GmbH & Co. KG, Wermelskirchen)

4.5 Selbstkontrolle und Testfragen

(Lösungen siehe Seite 115)

1. Welche Merkmale kennzeichnen eine Kübelspritze?

a) Der zylindrische Behälter (Kübel) hat ein Volumen von 10 Liter.
b) Sie kann von nur einer Einsatzkraft bedient werden.
c) Sie wird von zwei Einsatzkräften bedient.
d) Das Pumpwerk ist doppeltwirkend, es saugt und drückt gleichzeitig.
e) Der 15 Meter lange D-Druckschlauch mit Mehrzweckstrahlrohr.

2. Welche Merkmale kennzeichnen einen Löschrucksack?

a) Der flexible Behälter mit einem Volumen von etwa 35 Liter.
b) Die Trageeinrichtung mit Tragegriff, Trage-, Becken- und Brustgurt.
c) Die Löschlanze mit einem handbetätigten und doppelwirkenden Pumpwerk und eine von Vollstrahl auf Sprühstrahl umstellbare Löschdüse.
d) Die Befülleinrichtung zum Anschluss an eine D-Schlauchleitung.

3. Welche Arten von tragbaren Feuerlöschern werden unterschieden?

a) Wasser-Feuerlöscher.
b) Schaum-Feuerlöscher.
c) Pulver-Feuerlöscher.
d) Halon-Feuerlöscher.
e) Kohlenmonoxid-Feuerlöscher.

4. Aus welchen Bestandteilen besteht das Löschmittel Schaum?

a) Aus Wasser und Schaummittel.
b) Aus Schaummittel und Luft.
c) Aus Wasser, Schaummittel und Luft.
d) Aus Wasser, Netzmittel und Luft.
e) Nur aus Schaummitteln.

5. Welche Größen der Zumischer werden von den Feuerwehren üblicherweise verwendet?

a) Zumischer Z 1 R mit einer Durchflussmenge von 100 Liter pro Minute und beidseitigen Festkupplungen D.
b) Zumischer Z 2 R mit einer Durchflussmenge von 200 Liter pro Minute und beidseitigen Festkupplungen C.
c) Zumischer Z 4 R mit einer Durchflussmenge von 400 Liter pro Minute und beidseitigen Festkupplungen B.
d) Zumischer Z 8 R mit einer Durchflussmenge von 800 Liter pro Minute und beidseitigen Festkupplungen A.

6. Welche Arten der Schaumrohre werden von den Feuerwehren üblicherweise verwendet?

a) Schwerschaumrohre S.
b) Mittelschaumrohre M.
c) Leichtschaumrohre L.
d) Pistolenstrahlrohre P.
e) Kombinations-Schaumrohre S/M.

7. Welchem Verwendungszweck dienen die Feuerpatschen?

a) Der Bekämpfung von Flüssigkeitsbränden.
b) Der Bekämpfung von Vegetationsbränden und ähnlichen Flächenbränden.
c) Der Bekämpfung von Dachstuhlbränden.
d) Der Bekämpfung von Metallbränden.
e) Der Bekämpfung von Patschenbränden.

8. Welche Werkzeuge und Hilfsmittel enthält ein Schornstein-Werkzeugkasten?

a) Einen Werkzeugsatz für die Reinigung innen.
b) Einen Werkzeugsatz für die Reinigung außen.
c) Einen Werkzeugsatz für die Reinigung unten.
d) Einen Werkzeugsatz für die Reinigung oben.

5 Feuerlöschschläuche

Feuerlöschschläuche werden vor allem zur Entnahme und zum Weiterleiten von Löschwasser verwendet und grundsätzlich in Saugschläuche und Druckschläuche unterteilt. Zum Verbinden der Schläuche miteinander sowie mit Pumpen und Armaturen werden entsprechende Kupplungen benötigt.

5.1 Kupplungen

Die von den Feuerwehren verwendeten Kupplungen können beliebig miteinander verbunden werden. Dabei greifen die Klauen (fachsprachlich: Knaggen) jeweils in die andere Kupplungshälfte ein und werden durch Rechtsdrehung der beiden Kupplungshälften eingerastet. Die wesentlichen Teile der Kupplungen bestehen aus einer Aluminium-Legierung, die zum Schutz vor Korrosion eloxiert ist. Entsprechend ihrem Aufbau und ihrem Verwendungszweck werden die Kupplungen in Schlauchkupplungen, Festkupplungen und Blindkupplungen unterschieden und in Abhängigkeit von den Nennweiten der Schläuche in verschiedene Kupplungsgrößen unterteilt.

Tabelle 4: Kupplungsgrößen

Kupplungsgröße	Nennweite der Schläuche
D	25 mm
C	42 mm / 52 mm
B	75 mm
A	110 mm
F	152 mm

Die Abdichtung der geschlossenen Kupplungen erfolgt über Dichtringe aus Gummi in den Knaggenteilen der Kupplungen, bei denen die Dichtungslippen an den Rändern durch den inneren Wasserdruck (Drucklippe) oder den äußeren Luftdruck (Sauglippe) gegeneinandergedrückt werden.

5.1.1 Schlauchkupplungen

Schlauchkupplungen werden in Druckschläuche oder Saugschläuche mit unterschiedlichen Größen eingebunden. Sie dienen dem Verbinden der Schläuche miteinander und zum Anschluss an Pumpen und Armaturen.

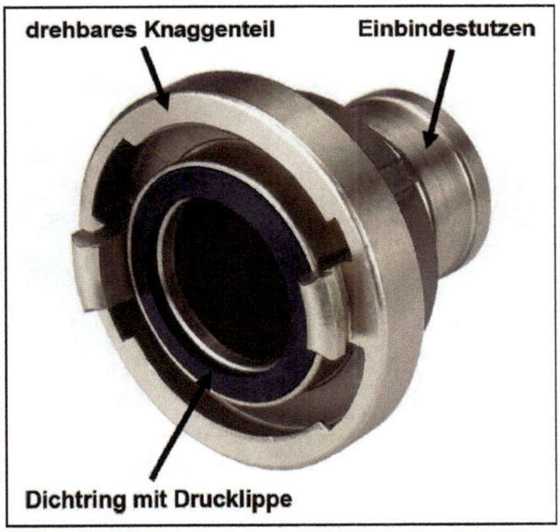

Abbildung 32:
Schlauchkupplung für Druckbetrieb
(Quelle: gfd® GmbH, Ludwigsfelde)

Schlauchkupplungen bestehen aus einem drehbaren Knaggenteil, einem kurzen Einbindestutzen für Druckschläuche beziehungsweise einem langen Einbindestutzen für Saugschläuche, einem Sperrring aus nichtrostendem Draht und einem Dichtring aus Gummi mit einer Drucklippe für Druckschläuche beziehungsweise einer Druck-/Sauglippe für Saugschläuche.

Anders als bei sonstigen Druckschläuchen werden formbeständige Druckschläuche nicht über eine Drahteinbindung mit der Schlauchkupplung verbunden, sondern von einer Einbindehülse eingefasst, die mit einem innenliegenden Sägegewinde versehen ist. Die Klemmung erfolgt zwischen der Einbindehülse und einem kegelförmigen Einbindestutzen.

5.1.2 Festkupplungen

Festkupplungen werden zum Beispiel an Zugängen und Abgängen von Armaturen, an Feuerwehrpumpen oder an Überflurhydranten angeschraubt, um Schlauchkupplungen von Druckschläuchen oder Saugschläuchen, Übergangsstücke oder Blindkupplungen anschließen zu können.

B-Festkupplung an einem Sammelstück	**A-Festkupplung mit metallischer Dichtfläche an einem Überflurhydranten**	**A-Festkupplung an einem Löschwasser-Sauganschluss, mit Deckkapsel**

Abbildung 33: Beispiele für Festkupplungen (Quelle: Hans Kemper, Geseke)

Festkupplungen bestehen aus einem festen Knaggenteil mit einem Innengewinde beziehungsweise einem Außengewinde auf der Rückseite, einem Flachdichtring zur Abdichtung der Gewindeverbindung und einem Dichtring aus Gummi auf der Eingangsseite. Am A-Abgang eines Sammelstückes (Anschluss Feuerlöschkreiselpumpe), am B-Abgang eines Stützkrümmers (Anschluss Strahlrohr) sowie am B-Eingang und B-Ausgang eines Druckbegrenzungsventiles (Anschluss Förderleitung) werden Festkupplungen mit beweglichem Knaggenteil verwendet. An Feuerlöscheinrichtungen, die ständig den Witterungsbedingungen ausgesetzt sind, zum Beispiel an Überflurhydranten oder an Löschwasser-Sauganschlüssen, werden Festkupplungen mit einer metallischen Dichtfläche sowie einer einschraubbaren Deckkapsel verwendet. An der Deckkapsel befindet sich außen ein Dreikant, auf den ein Schlüssel B für Überflurhydranten aufgesetzt werden kann.

5.1.3 Blindkupplungen

Blindkupplungen werden zum zeitweiligen luftdichten und wasserdichten Verschließen beziehungsweise zum Schutz vor Verschmutzungen von nicht benutzten Geräten, Armaturen sowie von Ein- und Ausgängen einer Feuerwehrpumpe verwendet. Sie können – sofern notwendig – auch zum Verschließen von Druck- oder Saugschläuchen verwendet werden.

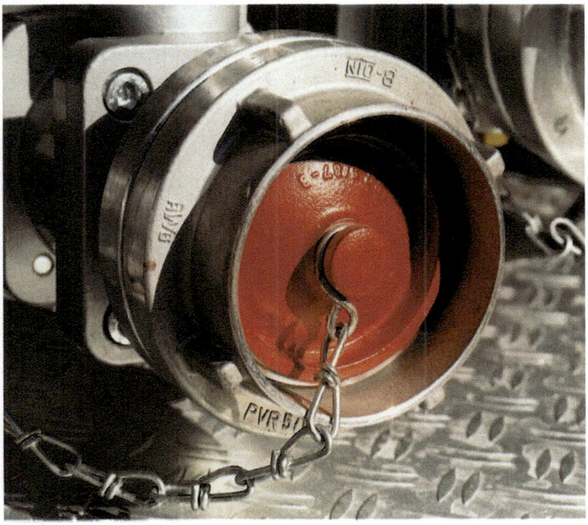

Abbildung 34:
Blindkupplung
(Quelle: Hans Kemper, Geseke)

Blindkupplungen bestehen aus einem Knaggenteil und einem beweglichen Verschlussdeckel, einem Sperrring aus nichtrostendem Draht, einem Dichtring aus Gummi mit einer Druck-/Sauglippe, sowie einer verzinkten Knotenkette. Mittels der Kette kann die Blindkupplung im Bereich der abzuschließenden beziehungsweise zu schützenden Armatur lösbar, aber unverlierbar befestigt werden.

Hinweis: Aufgrund der Unfallgefahr beim Lösen einer Blindkupplung dürfen die Blindkupplungen nicht unter Druck gesetzt werden, wenn die Anschlussleitung nicht entlüftet werden kann.

5.2 Saugschläuche

Saugschläuche werden als Saugleitung eingesetzt, um Feuerlöschkreiselpumpen mit Wasser zu versorgen. Sie sind aufgrund ihrer besonderen Konstruktion im Gegensatz zu den üblichen Druckschläuchen sowohl bei Unterdruck als auch bei Überdruck formbeständig. Die Saugschläuche behalten deshalb auch im drucklosen Zustand ihren runden Querschnitt und sind so für das Ansaugen von Wasser geeignet.

Saugschläuche dienen in Verbindung mit Feuerlöschkreiselpumpen und Saugkörben der Wasserentnahme aus offenen Gewässern, ohne Saugkorb der Wasserentnahme aus Löschwasser-Sauganschlüssen an Löschwasserbrunnen, -behältern und -teichen und können auch zur Zuführung von drucklosem Wasser zur Feuerlöschkreiselpumpe, zum Beispiel aus einem mobilen Wasserbehälter, verwendet werden.

Abbildung 35:
Saugschlauch A
(Quelle: AWG Fittings GmbH, Ballendorf)

Saugschläuche bestehen aus einer gleichmäßig dicken und glatten Gummi-Innenschicht, einer eingebrachten textilen Verstärkung, aus eingebrachten inneren Wedeln aus metallischem Werkstoff sowie einer gleichmäßig dicken alterungsbeständigen und witterungsfesten Gummi-Außenschicht. Die Schlauchkupplungen sind mit Dichtringen für Saugbetrieb und Druckbetrieb ausgestattet und können an A-Saugschläuchen zusätzlich auch mit Schnellkupplungsgriffen ausgerüstet werden.

Auf genormten Löschfahrzeugen werden üblicherweise vier Saugschläuche mit einem Innendurchmesser von 110 Millimeter, einer Nennlänge von jeweils 1.600 Millimeter und mit Schlauchkupplungen A für Druck- und Saugbetrieb mitgeführt. Dabei sind auch Alternativlängen (zum Beispiel 2.500 Millimeter) zulässig, sofern die Gesamtlänge der aus den Saugschläuchen gekuppelten Saugleitung mindestens 6 Meter beträgt.

5.3 Druckschläuche

Druckschläuche werden in Verbindung mit Feuerwehrlöschkreiselpumpen, Armaturen und Strahlrohren zum Fördern von Wasser, Wasser-Schaummittel-Gemischen, Löschpulver oder andere Sonderlöschmitteln, sowie für das manuelle Löschen von Bränden verwendet. Sie werden in Druckschläuche D bis F sowie in formstabile Druckschläuche unterteilt.

5.3.1 Druckschläuche D bis F

Druckschläuche D bis F werden vor allem zur Fortleitung von Löschmitteln sowie zur Brandbekämpfung verwendet und lassen sich im ungefüllten und nicht unter Druck stehenden Zustand flach zusammenlegen oder aufrollen und somit auch platzsparend transportieren.

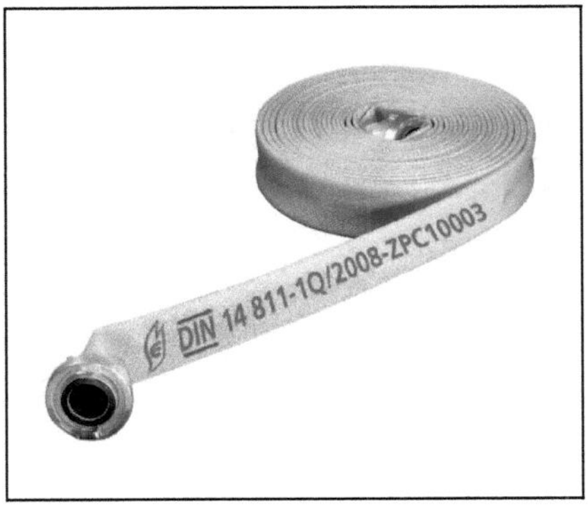

Abbildung 36:
Druckschlauch, im einfach gerollten Zustand
(Quelle: gfd® GmbH, Ludwigsfelde)

Diese Druckschläuche bestehen aus einem nahtlos rundgewebten Kunstfasergewebe, das mit einer glatten undurchlässigen Gummi- oder Kunststoff-Innenschicht und gegebenenfalls einer glatten beziehungsweise gerippten Kunststoff-Außenschicht verbunden ist. Die Schlauchkupplungen von B- und C-Druckschläuchen können in Sonderfällen mit einer Erdungsschraube und/oder einer Sicherung gegen ein unbeabsichtigtes Lösen ausgestattet sein.

Die Farbe der Druckschläuche ist üblicherweise weiß oder rot. Darüber hinaus können Druckschläuche zur besseren Erkennbarkeit aber auch in den Farben gelb, orange, grün oder in sonstigen Farben hergestellt werden. Die verwendeten Farben können auch nachleuchtend, fluoreszierend oder rückstrahlend ausgeführt sein.

Druckschläuche werden hinsichtlich ihrer Innendurchmesser, ihrer Länge (einschließlich Kupplungen) und ihrer Verwendung unterschieden.

Tabelle 5: Innendurchmesser und Länge der Druckschläuche

Kurzzeichen	Innendurchmesser	Länge des Druckschlauches			
		5 m	15 m	20 m	35 m
D 25	25 mm	■	■		
C 42	42 mm		■		
C 52	52 mm		■		
B 75	75 mm	■		■	■ [1]
A 110	110 mm	■		■	
F 152	152 mm	ist bei der Bestellung anzugeben			

[1] nur für Hubrettungsfahrzeuge

■ Verwendung

Für die verschiedenen Aufgaben der Feuerwehr sind Druckschläuche mit unterschiedlichen Durchmessern und Gesamtlängen vorgesehen:

D-Druckschläuche mit einer Länge von 15 Meter können in Löschfahrzeugen als Einrichtung zur schnellen Wasserabgabe verwendet werden. Dazu werden zwei in Buchten gelagerte D-Druckschläuche mit angekuppeltem Hohlstrahlrohr mit einem Durchfluss bis 100 Liter pro Minute verwendet. An Kübelspritzen werden D-Druckschläuche mit einer Länge von 5 Meter angeschlossen. Weiterhin eignen sich D-Druckschläuche aufgrund der einfachen Handhabung auch für die Bekämpfung von Vegetationsbränden.

C-Druckschläuche mit einer Länge von 15 Meter werden üblicherweise als Angriffsleitungen zur unmittelbaren Brandbekämpfung zusammen mit Strahlrohren oder Schaumrohren verwendet. In den Beladelisten der genormten Löschfahrzeuge sind jeweils C-Druckschläuche mit einem Innendurchmesser von 42 Millimeter aufgeführt, da diese, vor allem im Innenangriff, einfacher zu handhaben sind. Weiterhin können in Löschfahrzeugen zwei an die Feuerlöschkreiselpumpe anschließbare und in Buchten gelagerte C-Druckschläuche mit angekuppeltem Strahlrohr mit einem Durchfluss bis 235 Liter pro Minute als Einrichtung zur schnellen Wasserabgabe verwendet werden.

Abbildung 37: Einrichtung zur schnellen Wasserabgabe mit zwei C-Druckschläuchen (Quelle: Schlingmann GmbH & Co. KG, Dissen)

B-Druckschläuche mit einer Länge von 20 Meter werden als Förderleitung zur Wasserförderung von Hydranten zur Feuerlöschkreiselpumpe, von der Pumpe zum Verteiler und als Angriffsleitung vom Verteiler bis zu Sonderrohren verlegt, zum Beispiel zu Strahlrohren, Schaumrohren oder tragbaren Wasserwerfern mit B-Anschluss. B-Druckschläuche mit einer Länge von 5 Meter werden als Füllschlauch zum Füllen des Löschwasserbehälters von Löschfahrzeugen sowie zum Ableiten von Wasser beim Einsatz eines Druckbegrenzungsventiles verwendet.

Auf Drehleitern wird ein B-Druckschlauch mit einer Gesamtlänge von 35 Meter mitgeführt, der an das am Rettungskorb anschließbare Wenderohr angekuppelt werden kann.

A-Druckschläuche werden als Förderleitungen überwiegend von Werkfeuerwehren in Betrieben verwendet, in denen große Wassermengen für die Brandbekämpfung erforderlich sind, zum Beispiel beim Einsatz besonders leistungsfähige Wasserwerfer. Bei öffentlichen Feuerwehren werden A-Druckschläuche üblicherweise nicht verwendet.

F-Druckschläuche werden in Verbindung mit speziellen Pumpen und Verlegesystemen als Förderleitung zur Förderung sehr großer Wassermengen verwendet, zum Beispiel 50 Meter lange F-Druckschläuche beim Wasserfördersystem HFS (Hytrans Fire System).

■ Unterbringung

In Löschfahrzeugen werden Druckschläuche üblicherweise doppelt zusammengelegt und dann aufgerollt mit nach unten zeigenden Kupplungen in senkrechten Schlauchfächern untergebracht. So befinden sich jeweils beide Kupplungen an der Außenseite des gerollten Schlauches, was das Ausrollen des Schlauches erleichtert. Löschfahrzeuge sind außerdem mit Schlauchtragekörben, Schlauchpaketen oder auch fahrbaren Schlauchhaspeln ausgerüstet, die ein schnelles Verlegen der Schlauchleitungen ermöglichen.

5.3.2 Formstabile Druckschläuche

Formstabile Druckschläuche werden in Verbindung mit Feuerwehrlöschkreiselpumpen und Strahlrohren zum Löschen von Bränden eingesetzt. Sie behalten aufgrund ihrer Konstruktion auch im drucklosen Zustand ihren runden Querschnitt und ermöglichen so die Löschmittelfortleitung (Wasser, Wasser mit Schaummittelzusatz oder Löschpulver), auch wenn sie auf einer Haspel aufgewickelt sind und auch bei nur teilweise ausgelegtem Schlauch.

Diese Druckschläuche bestehen aus einer nahtlosen und glatten Gummi- oder Kunststoff-Innenschicht, einer spiralförmigen oder geflochtenen textilen Verstärkung sowie einer alterungsbeständigen und witterungsfesten Gummi- oder Kunststoff-Außenschicht.

Abbildung 38:
Formstabiler Druckschlauch
(Quelle: gfd® GmbH, Ludwigsfelde)

Formstabile Druckschläuche werden in bestimmten Löschfahrzeugen als sogenannte Schnellangriffseinrichtung auf fest montierten absperrbaren Haspeln mitgeführt. Diese Haspeln sind entweder mit einem 30 Meter langen formstabilen Druckschlauch mit einem Innendurchmesser von 33 Millimeter oder einem 50 Meter langen formstabilen Druckschlauch mit einem Innendurchmesser von 25 Millimeter ausgestattet.

Hinweis: Sollen formstabile Druckschläuche zur Fortleitung von Löschpulver verwendet werden, sind konstruktive Maßnahmen zur Ableitung der elektrostatischen Aufladungen zu treffen.

5.4 Feuerlöschschläuche auf Einsatzfahrzeugen

Entsprechend dem vorgesehenen Verwendungszweck wird auf genormten Einsatzfahrzeugen eine bestimmte Anzahl von Feuerlöschschläuchen als Standardbeladung beziehungsweise auf Wunsch des Bestellers mitgeführt.

Tabelle 6: Anzahl der mitgeführten Feuerlöschschläuche

Typ	Saug-schlauch	Druckschläuche				
	A 110 1,60 m	D 25 15 m	C 42 15 m	B 75 5 m	B 75 20 m	B 75 35 m
KLF	4	---	9	1	10	---
TSF	4	---	9	1 [1)]	10	---
TSF-W	4	---	9	1	10	---
MLF	4	---	9	1	10	---
LF 10	4	---	12	1	14	---
HLF 10	4	---	12	1	14	---
LF 20	4	---	12	1	14	---
HLF 20	4	---	12	1	14	---
LF 20 KatS	6	---	12	2	30	---
TLF 2000	4 [1)]	4 [2)]	6	1	4	---
TLF 3000	4 [1)]	4 [2)]	6	1	4	---
TLF 4000	4 [1)]	4 [2)]	6	1	4	---
GW-L2 [3)]	6 oder 12 [4)]	---	---	2	100	---
SW 2000 KatS	6	---	6	2	100	---
DLAK 18/12	---	---	2	---	2	1 [1)]
DLAK 23/12	---	---	2	---	2	1 [1)]

1) Nur auf Wunsch des Bestellers.
2) Zusatzbeladung Waldbrände, auf Wunsch des Bestellers.
3) Mit Ausrüstungsmodul „Wasserversorgung" als Zusatzbeladung.
4) Nur, wenn auf Wunsch des Bestellers eine zweite Tragkraftspritze mitgeführt wird.

5.5 Selbstkontrolle und Testfragen

(Lösungen siehe Seite 115)

1. Welche Kupplungen werden im Bereich der Feuerwehr verwendet?

a) Feuerwehrkupplungen.
b) Knaggenkupplungen.
c) Schlauchkupplungen.
d) Festkupplungen.
e) Blindkupplungen.

2. Welche Aussagen über Saugschläuche sind zutreffend?

a) Saugschläuche behalten im drucklosen Zustand ihren runden Querschnitt.
b) Saugschläuche sind nicht zum Ansaugen von Wasser geeignet.
c) Saugschläuche werden zur Wasserentnahme aus Gewässern verwendet.
d) Auf Löschfahrzeugen werden meist vier Saugschläuche mitgeführt.
e) Saugschläuche bestehen aus rundgewebtem Kunstfasergewebe.

3. Welche Aussagen über Druckschläuche sind zutreffend?

a) Druckschläuche werden zur Fortleitung von Wasser verwendet.
b) Druckschläuche lassen sich flach zusammenlegen und aufrollen.
c) Druckschläuche können auch formbeständig sein.
d) Druckschläuche werden in Druckschläuche A bis K unterteilt.
e) Druckschläuche werden nicht im Innenangriff verwendet.

4. Wofür werden von der Feuerwehr B-Druckschläuche verwendet?

a) Als Einrichtung zur schnellen Wasserabgabe.
b) Als Förderleitung zwischen Hydranten und Feuerlöschkreiselpumpen.
c) Als Angriffsleitung vom Verteiler bis zu Sonderrohren.
d) Als Füllschlauch zum Füllen von Löschwasserbehältern.
e) Als Angriffsleitungen zur unmittelbaren Brandbekämpfung.

6 Armaturen

Für die Entnahme, die Weiterleitung und die Abgabe von Löschwasser werden Armaturen (auch wasserführende Armaturen genannt) verwendet. Armaturen haben die Aufgabe, in Verbindung mit den Schläuchen und Pumpen, eine einsatzbezogene Löschwasserversorgung herzustellen. Die wesentlichen Teile der Armaturen bestehen aus einer Aluminium-Legierung, die zum Schutz vor Korrosion eloxiert werden kann. Die Beschlagteile bestehen aus nicht rostendem oder korrosionsgeschütztem Stahl.

6.1 Saugkörbe

Zur Wasserentnahme aus offenen Gewässern werden Saugkörbe an der wasserseitigen Eingangsseite einer Saugleitung angekuppelt und so das Ansaugen von groben Verunreinigungen in den Förderstrom verhindert, die zu Schäden in der Feuerlöschkreiselpumpe führen können.

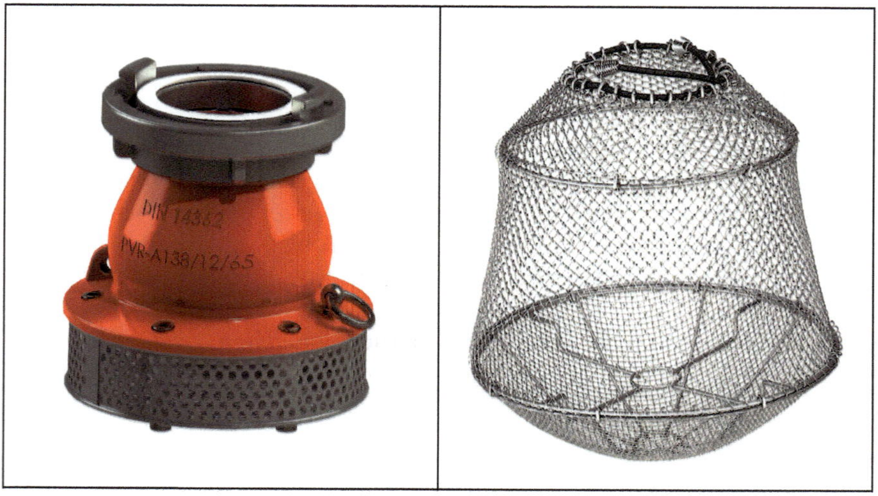

Abbildung 39: Saugkorb A und Schutzkorb aus Draht
(Quelle: AWG Fittings GmbH, Ballendorf)

Saugkörbe bestehen aus einem Gehäuse mit einer Festkupplung an der Ausgangsseite und einem Sieb an der Eintrittsseite. Das Sieb hält vor allem größere Verunreinigungen zurück. An der Festkupplung beziehungsweise am Gehäuse können zum Beschleunigung des Kuppelvorganges auch Schnellkupplungsgriffe angebracht werden. Im Gehäuseinneren befindet sich ein Rückschlagventil, das sich über einen beweglichen Ventilhebel mit Anschlagöse von außen durch Leinenzug (Ventilleine) von seinem Dichtsitz abheben lässt. Das Rückschlagventil verhindert das Abreißen der Wassersäule bei einer Unterbrechung des Saugvorganges. Von den Feuerwehren werden überwiegend Saugkörbe der Größe A verwendet.

Mit einem Schutzkorb aus Draht, der über einen Saugkorb gestülpt und befestigt werden kann, wird der Saugkorb zusätzlich gegen das Ansaugen von Verschmutzungen (Blätter, Zweige, Unrat, ...) geschützt. Der zusammenklappbare Schutzkorb besteht aus einem Drahtgeflecht mit Drahtringen und Stützbügeln sowie einem Gummizug zur Befestigung.

6.2 Standrohre

Zur Wasserentnahme aus dem Rohrnetz der Sammelwasserversorgung werden Standrohre verwendet, die hierzu auf einen Unterflurhydranten aufgesetzt werden. An den Standrohren sind am Ausgang zwei Anschlüsse mit Festkupplungen für B-Schlauchleitungen und am Zugang eine bewegliche Klauenmutter zur Befestigung auf einem Unterflurhydranten angebracht.

Standrohre bestehen aus einem Standrohroberteil mit dem Aufsatzstück und den beiden Abgängen mit B-Festkupplung, den beiden Niederschraubventilen mit Handrad und den Befestigungs- und Dichtungsmitteln sowie einem Standrohrunterteil mit dem Fuß mit Dichtring, der Klauenmutter und dem Rohr mit Griffstück. Mit dem Griffstück wird das auf einen Unterflurhydranten aufgesetzte Standrohr durch Rechtsdrehung befestigt. Die Klauenmutter dreht sich dabei nach oben gegen die Klauen im Hydrant und spannt so das Standrohr fest. Der Fuß des Standrohres ist mit einer Dichtung versehen, die dann einen wasserdichten Abschluss gewährleistet.

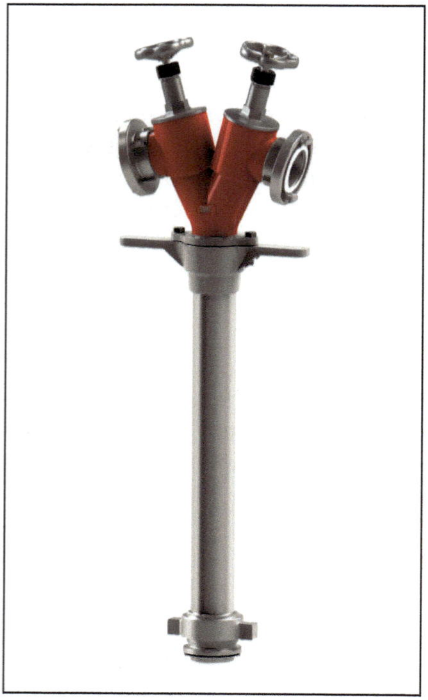

Abbildung 40:
Standrohr
(Quelle: AWG Fittings GmbH, Ballendorf)

Hinweis: Das Standrohroberteil ist drehbar mit dem Standrohrunterteil verbunden und kann so in eine zur angeschlossenen Schlauchleitung günstige Lage gedreht (nur rechtsdrehen!) werden.

6.3 Sammelstücke

Um die Wasserströme aus B-Schlauchleitungen am Saugeingang einer Feuerlöschkreiselpumpe zusammenzufassen, werden Sammelstücke am Saugeingang angeschlossen, wenn die Pumpe mit Wasser aus einer beziehungsweise mehreren B-Schlauchleitungen von einem Hydranten oder von einer anderen Feuerlöschkreiselpumpe aus gespeist wird.

Sammelstücke bestehen aus einem V-förmigen Gehäuse mit zwei, drei oder auch vier B-Festkupplungen an der Zugangsseite und einer A-Schlauchkupplung an der Ausgangsseite. Im Gehäuse befinden sich beweglich gelagerte Klappenventile (Pendelklappen) beziehungsweise Rückflussverhinderer (federbelastete Einzelklappen), die die Zugänge wasserdicht abschließen, an denen keine wasserführende B-Schlauchleitung angeschlossen wird.

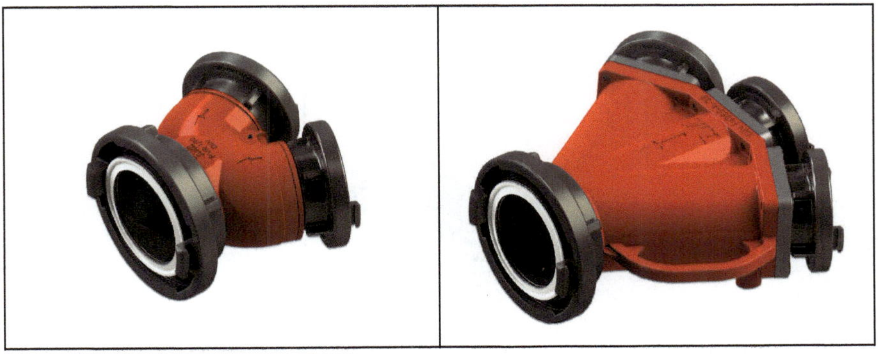

Abbildung 41: Sammelstücke mit zwei beziehungsweise drei B-Zugängen (Quelle: AWG Fittings GmbH, Ballendorf)

Das Knaggenteil der A-Schlauchkupplung ist drehbar ausgeführt, damit das Sammelstück mit nahezu waagerechter Lage der B-Zugänge in eine für die Rückschlagklappen und für die Handhabung günstige Betriebsstellung am Saugeingang der Feuerlöschkreiselpumpe angekuppelt werden kann.

6.4 Verteiler

Um das über Schlauchleitungen zugeführte Löschwasser im Bereich einer Einsatzstelle auf bis zu drei abzweigende Schlauchleitungen zu verteilen, werden Verteiler verwendet.

Verteiler bestehen aus einem Gehäuse mit T-Griff und haben zum Anschluss der Schlauchleitung eine Festkupplung an der Eingangsseite und zum Anschluss der abzweigenden Schlauchleitungen drei einzeln absperrbare Abgänge mit Festkupplungen an der Ausgangsseite.

Abbildung 42:
Verteiler B-CBC, mit Niederschraubventilen
(Quelle: AWG Fittings GmbH, Ballendorf)

Am mittleren Abgang eines B-CBC-Verteilers ist auf der B-Festkupplung ein Übergangsstück B-C aufgesetzt, damit insgesamt drei C-Schlauchleitungen am Verteiler angeschlossen werden können. Die drei Abgänge des Verteilers werden entweder durch Niederschraubventile mit Handrad (Kurzzeichen BV) oder durch Kugelhähne mit Schalthebel (Kurzzeichen BK) abgesperrt. Die Kugelhähne sind dabei so eingebaut, dass bei geöffnetem Durchgang der jeweilige Schalthebel in Richtung Verteilerausgang steht.

Hinweis: Auf Löschfahrzeugen wird üblicherweise ein Verteiler B-CBC, auf Tanklöschfahrzeugen ein Verteiler 2B-CBC (mit zwei B-Eingängen als Sammelstück-Verteiler) und als Bestandteil des Zusatzbeladungssatz für Vegetationsbrände ein Verteiler C-DCD mitgeführt.

6.5 Übergangsstücke

Zum Übergang von einer Kupplungsgröße auf eine andere werden Übergangsstücke eingesetzt. Mit diesen Übergangsstücken in den Größen A-B, B-C und C-D können Druckschläuche mit unterschiedlichen Durchmessern miteinander verbunden oder an Armaturen angekuppelt werden.

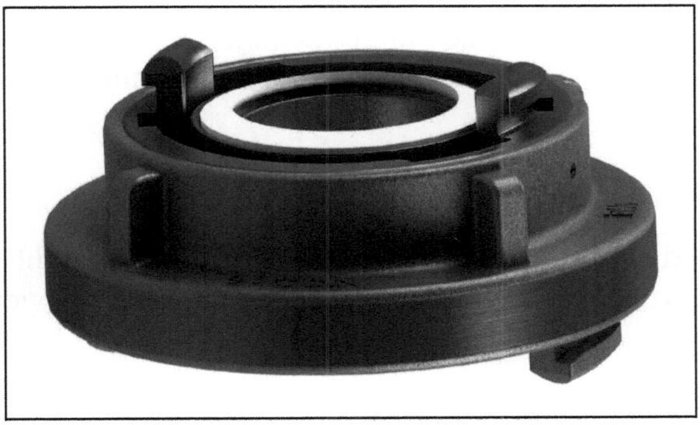

Abbildung 43:
Übergangsstück
(Quelle: AWG Fittings GmbH, Ballendorf)

Übergangsstücke bestehen aus einem den Durchmesser verringernden Mittelteil, zwei unterschiedlich großen Knaggenteilen und den entsprechenden Dichtungs- und Befestigungsmitteln. Sie können zum Beispiel wie folgt verwendet werden:

- Übergangsstücke **A-B** am unteren A-Ausgang eines Überflurhydranten, um eine zusätzliche B-Schlauchleitung anzuschließen.
- Übergangsstücke **B-C** am mittleren B-Ausgang eines Verteilers, um bei einem Löscheinsatz ein drittes C-Rohr vorzunehmen.
- Übergangsstücke **C-D** zur Verbindung von C- und D-Druckschläuchen, um bei Nachlöscharbeiten oder bei der Grobreinigung von Geräten an der Einsatzstelle einen D-Schlauch mit D-Strahlrohr einzusetzen.

6.6 Strahlrohre

Strahlrohre werden im Rahmen der Brandbekämpfung zur gezielten Abgabe von Löschwasser am Ende einer Schlauchleitung angeschlossen.

Bei der Anwendung bewirkt eine Querschnittsverringerung innerhalb der Strahlrohre eine Erhöhung der Fließgeschwindigkeit des hindurchfließenden Löschwassers. Dies führt dazu, dass das Löschwasser beim Verlassen des Strahlrohres einen höheren Druck hat und dadurch eine entsprechende Wurfweite des Löschwasserstrahles erreicht wird.

Während in der Vergangenheit von den Feuerwehren üblicherweise Mehrzweckstrahlrohre verwendet wurden, werden in der heutigen Zeit fast ausschließlich Hohlstrahlrohre verwendet, die auch als Standardbeladungen für Löschfahrzeuge vorgesehen sind.

6.6.1 Hohlstrahlrohre

Hohlstrahlrohre sind absperrbare Strahlrohre mit einer einstellbaren Strahlform, von Vollstrahl bis zu einem winkelveränderlichen Sprühstrahl, sowie einer stufenweise einstellbaren Durchflussmenge.

Abbildung 44: Beispiel für ein Hohlstrahlrohr C
(Quelle: AWG Fittings GmbH, Ballendorf)

Sie bestehen aus einem Gehäuse mit einem Handgriff und einer Festkupplung in der Größe D, C oder B, sowie aus Bedienelementen zum Öffnen und Schließen, zur Einstellung der Strahlform und zur Einstellung der Durchflussmenge. Neben der vorgesehenen Abgabe von Wasser sind Hohlstrahlrohre auch für die Abgabe von Wasser-Schaummittel-Gemischen geeignet und können dabei einen entsprechenden Löschschaum erzeugen.

Hohlstrahlrohre werden über einen Schaltbügel geöffnet („nach hinten ziehen“) oder geschlossen („nach vorn drücken“). Die Strahlform lässt sich über die drehbare Bedieneinrichtung am Mundstück von einem gebündelten Vollstrahl über einen schmalen Sprühstrahl bis zu einem breiten feinverteilten Sprühstrahl verstellen. Über einen drehbaren Ring zwischen dem Schaltbügel und dem Mundstück lässt sich die vom Hersteller vorgegebenen Durchflussmenge in mehreren Abstufungen verändern.

Vor allem bei einer Innenbrandbekämpfung wird durch die einstellbare Durchflussmenge und den einstellbaren Sprühstrahl der Hohlstrahlrohre mit einer geringen Wassermenge eine besondere Kühlwirkung und eine schnelle Wärmebindung und so eine wirksame Brandbekämpfung ermöglicht, bei gleichzeitig geringen Folgeschäden durch das Löschwasser. Darüber hinaus bieten Hohlstrahlrohre aufgrund des großen Sprühwinkels bei der Anwendung mehr Schutz und mehr Sicherheit für die Strahlrohrführer.

In den Beladelisten der genormten Löschfahrzeuge sind als Standardbeladung Hohlstrahlrohre mit Festkupplung C und einer Durchflussmenge bis zu 235 Liter pro Minute sowie Hohlstrahlrohre mit Festkupplung B und einer Durchflussmenge von mehr als 400 Liter pro Minute aufgeführt. Für die löschtechnischen Einrichtungen zur schnellen Wasserabgabe (zwei in Buchten gelegte Druckschläuche) beziehungsweise die Schnellangriffseinrichtungen (formbeständige Druckschläuche auf einer Haspel) können statt der Hohlstrahlrohre mit Festkupplung C auch Hohlstrahlrohre mit Festkupplung D und einer Durchflussmenge bis zu 100 Liter pro Minute verwendet werden.

Hinweis: Die Durchflussmenge wird bei einem Eingangsdruck von 6 Bar, bei eingestelltem Vollstrahl und maximalem Sprühwinkel gemessen.

6.6.2 Strahlrohre mit Vollstrahl und/oder Sprühstrahl

Zu den auf europäischer Ebene genormten Strahlrohren mit Vollstrahl und/oder unveränderlichem Sprühstrahlwinkel gehören auch Strahlrohre, die mit den bisher in Deutschland verwendeten Mehrzweckstrahlrohren vergleichbar sind. Die nicht mehr genormten Mehrzweckstrahlrohre bestehen aus einem zylindrischen Rohr mit Handschutz, einer Festkupplung der Größe D, C oder B, einem Schaltorgan zum Absperren und Umschalten zwischen Vollstrahl und Sprühstrahl sowie einer Düse mit abschraubbarem Mundstück.

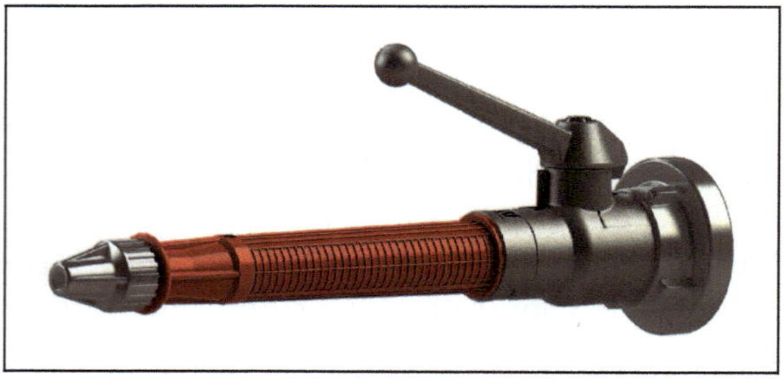

Abbildung 45:
Strahlrohr mit Vollstrahl und/oder unveränderlichem Sprühstrahl
(Quelle: AWG Fittings GmbH, Ballendorf)

Die Durchflussmenge der Mehrzweckstrahlrohre der Größe D beträgt etwa 25 Liter pro Minute, der Größe C etwa 100 Liter pro Minute und der Größe B etwa 400 Liter pro Minute. Durch Abschrauben des Mundstückes lässt sich der Austrittsquerschnitt der Strahlrohre vergrößern und so die jeweilige Durchflussmenge verdoppeln.

6.6.3 Stützkrümmer

Bei der Löschwasserabgabe aus Strahlrohren entstehen Rückkräfte, die umso größer sind, je größer der Wasserdurchfluss ist. Stützkrümmer haben die Aufgabe, die Rückkraft des Wasserstrahles von Strahlrohren der Größe B über die Schlauchleitung zum Erdboden abzuleiten. Das Strahlrohr wird dabei durch den abgewinkelten Wassereintritt im Stützkrümmer auf der unter Druck stehenden B-Schlauchleitung „abgestützt". Bei der Verwendung eines Stützkrümmers kann das Strahlrohr dann von nur zwei Einsatzkräften statt von vier Einsatzkräften gehalten und bedient werden.

Abbildung 46:
Stützkrümmer
(Quelle: AWG Fittings GmbH, Ballendorf)

Stützkrümmer bestehen aus einem abgewinkelten Gehäuse mit Haltegriff, mit einer Festkupplung zum Anschluss der B-Schlauchleitung auf der Eingangsseite und einem drehbarem Knaggenteil zum Anschluss des Strahlrohres auf der Ausgangsseite. Um in bestimmten Einsatzsituationen einen sicheren Halt zu gewährleisten beziehungsweise ein Abgleiten zu verhindern und den Stützkrümmer befestigen oder hochziehen zu können, ist an der Oberseite des Gehäuses eine Öse und an der Unterseite eine Verzahnung angebracht. Zur Kennzeichnung der vorgesehenen Durchflussrichtung sind an beiden Seiten des Gehäuses Richtungspfeile angebracht.

6.7 Druckbegrenzungsventile

Das plötzliche Schließen von Strahlrohren oder Verteilern, das Überfahren von Schlauchleitungen oder das Knicken einzelner Schläuche kann zu einem unzulässigen Druckanstieg in verlegten Schlauchleitungen führen. Druckbegrenzungsventile werden vor allem bei einer Löschwasserförderung über eine längere Strecke verwendet, um derartige Druckanstiege in Schlauchleitungen und damit eine Überbeanspruchung der Schläuche zu verhindern beziehungsweise den Eingangsdruck an einer Verstärkerpumpe zu begrenzen. Sie werden vor einem Verteiler oder einer Verstärkerpumpe, unabhängig von der Durchflussrichtung, in die Schlauchleitung eingekuppelt.

Abbildung 47:
Druckbegrenzungsventil
(Quelle: AWG Fittings GmbH, Ballendorf)

Druckbegrenzungsventile bestehen im Wesentlichen aus einem Gehäuse mit abklappbarem Tragegriff, zwei in Durchflussrichtung gegenüberliegenden Kupplungen mit drehbaren B-Knaggenteilen, einem Überlauf mit einer B-Festkupplung, einem Steuerorgan zum Einstellen des gewünschten Druckes sowie einem Überdruck-Messgerät mit einem Anzeigebereich von 0 Bar bis 16 Bar für die Anzeige des jeweiligen Druckes.

Mit dem Steuerorgan kann der gewünschte maximale Druck eingestellt werden, zum Beispiel vor einer Verstärkerpumpe 2 Bar oder vor einem Verteiler 6 Bar. Ein federgesteuertes Ventilsystem im Druckbegrenzungsventil öffnet beim Erreichen des eingestellten Druckes und lässt einen Teil des Förderwassers aus dem Überlauf ins Freie abfließen. Geht der Druck in der Schlauchleitung und im eingekuppelten Druckbegrenzungsventil wieder zurück, schließt das Ventilsystem den Überlauf automatisch wieder ab.

Hinweis: Am Überlauf von Druckbegrenzungsventilen kann ein B-Druckschlauch zur Ableitung des Wassers angekuppelt werden. Die Länge dieses Schlauches darf jedoch nicht mehr als 5 Meter betragen.

6.8 Schlauchabsperrungen

Schlauchabsperrungen können als Absperrorgan zum Absperren von B-Leitungen oder von faltbaren Löschwasserbehältern eingesetzt werden. Sie lassen sich in eine Schlauchleitung einkuppeln und ermöglichen so eine zeitweilige Unterbrechung des Wasserflusses.

Abbildung 48:
Schlauchabsperrung B
(im geöffneten Zustand)
(Quelle: AWG Fittings GmbH, Ballendorf)

Schlauchabsperrungen bestehen aus einem Gehäuse mit zwei B-Festkupplungen sowie einem Kugelhahn zum Öffnen oder Schließen der Absperrung. Der Kugelhahn ist so eingebaut, dass der Schalthebel bei geöffnetem Durchgang in Durchflussrichtung steht.

6.9 Mobile Systemtrenner

Wird Wasser aus dem Rohrnetz der öffentlichen Trinkwasserversorgung entnommen, muss verhindert werden, dass Wasser zurückfließt, wenn der Druck im Rohrnetz niedriger als in den verlegten Schlauchleitungen ist. Zum Schutz vor Verunreinigung des Trinkwassers müssen deshalb von den Feuerwehren mobile Systemtrenner verwendet werden, die direkt am Standrohr beziehungsweise am Überflurhydrant in die verlegte Schlauchleitung eingekuppelt werden. Dabei ist die Durchflussrichtung der Systemtrenner zu beachten.

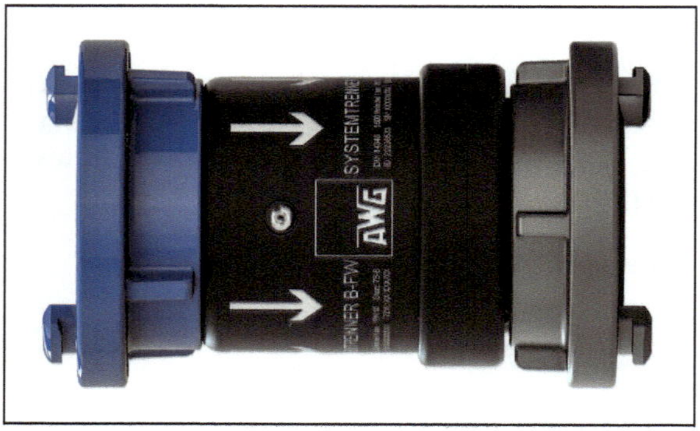

Abbildung 49:
Mobiler Systemtrenner
(Quelle: AWG Fittings GmbH, Ballendorf)

Mobile Systemtrenner bestehen aus einem Gehäuse mit einem innenliegenden Entlastungsventil, einer Kupplung mit drehbarem B-Knaggenteil auf der Eingangsseite und einer B-Festkupplung auf der Ausgangsseite. Zur Kennzeichnung der vorgesehenen Durchflussrichtung sind auf dem Gehäuse deutlich sichtbare Richtungspfeile angebracht.

Kommt es zu einem Druckunterschied zwischen dem Rohrnetz und der verlegten Schlauchleitung, schließt der Systemtrenner automatisch. Zur Druckentlastung in der verlegten Schlauchleitung öffnet sich das Entlastungsventil im Gehäuse des Systemtrenners und lässt Wasser nach außen abströmen.

6.10 Selbstkontrolle und Testfragen

(Lösungen siehe Seite 115)

1. Welche Aufgabe hat das Rückschlagorgan in einem Saugkorb?

a) Es verhindert das Abreißen der Wassersäule bei der Einleitung des Fördervorganges.
b) Es verhindert das Abreißen der Wassersäule bei der Unterbrechung des Fördervorganges.
c) Es verhindert den Eintritt von Verschmutzungen.
d) Es reguliert den Fördervorgang.

2. Wozu dient das Standrohr?

a) Der Wasserentnahme aus einem Unterflurhydranten.
b) Der Wasserentnahme aus einem Überflurhydranten.
c) Dem Anschluss von zwei B-Druckschläuchen.
d) Dem Anschluss von Armaturen zur Wasserfortleitung.

3. Wozu dient das Sammelstück?

a) Dem Verbinden unterschiedlich langer Schlauchleitungen.
b) Der Wasserentnahme aus der Sammelwasserversorgung.
c) Dem Verbinden von Schläuchen mit verschiedenen Durchmessern.
d) Dem Anschluss von Druckschläuchen am Saugeingang einer Feuerlöschkreiselpumpe.

4. Welche Arten von Verteilern werden von den Feuerwehren üblicherweise verwendet?

a) Verteiler B-CBC.
b) Verteiler 2B-CBC.
c) Verteiler C-CDC.
d) Verteiler C-DCD.

5. Welche Aufgabe haben Übergangsstücke?

a) Sie verbinden Schläuche mit Armaturen.
b) Sie verbinden Saugschläuche mit verschiedenen Durchmessern.
c) Sie verbinden Druckschläuche mit verschiedenen Durchmessern.
d) Sie regeln den Übergang von Vollstrahl auf Sprühstrahl.

6. Welche Aussagen über Hohlstrahlrohre sind zutreffend?

a) Sie bestehen aus einem Gehäuse mit Handgriff und einer Festkupplung in der Größe D, C oder B.
b) Die Bedienelemente ermöglichen das Öffnen und Schließen, die Einstellung der Strahlform und die Einstellung der Durchflussmenge.
c) Die Bedienelemente ermöglichen das Öffnen und Schließen, die Einstellung der Wurfweite und die Einstellung der Kühlwirkung.
d) Die Durchflussmenge wird bei einen Eingangsdruck von 12 Bar, bei eingestelltem Vollstrahl und maximalem Sprühwinkel gemessen.

7. Welche Aussagen über Stützkrümmer sind zutreffend?

a) Sie leiten die Rückkraft des Wasserstrahls zum Erdboden ab.
b) Sie ermöglichen das Verlegen gekrümmter Schlauchleitungen.
c) Sie bestehen aus einem abgewinkelten Gehäuse mit Haltegriff.
d) Bei der Verwendung eines Stützkrümmers kann das B-Strahlrohr von nur einer Einsatzkraft gehalten werden.

8. Welche Aufgaben haben Druckbegrenzungsventile?

a) Sie verhindern unzulässige Druckanstiege in verlegten Schlauchleitungen und damit eine Überbeanspruchung der Schläuche.
b) Sie begrenzen bei der Löschwasserförderung den Ausgangsdruck an einer Verstärkerpumpe.
c) Sie begrenzen bei der Löschwasserförderung den Eingangsdruck an einer Verstärkerpumpe.
d) Sie werden unabhängig von der Durchflussrichtung in verlegte Schlauchleitungen eingekuppelt.

7 Zubehör

Für den Aufbau der Löschwasserversorgung an einer Einsatzstelle, das Verlegen von Schlauchleitungen und das Verbinden von Schläuchen und Armaturen ist die Verwendung von entsprechendem Zubehör erforderlich.

7.1 Kupplungsschlüssel

Kupplungsschlüssel werden verwendet, um das Kuppeln und Entkuppeln der von Saug- und Druckschläuchen sowie das Anschließen von Schläuchen an Feuerwehrpumpen und Armaturen zu unterstützen und zu erleichtern. Insbesondere A- und B-Kupplungen lassen sich nicht immer von Hand ausreichend festziehen. Deshalb werden zum vollständigen und sicheren Schließen der Kupplungen Kupplungsschlüssel zum Drehen der Knaggenteile verwendet. Kupplungsschlüssel eignen sich darüber hinaus auch zum Öffnen und Verschließen von Schaummittelbehältern.

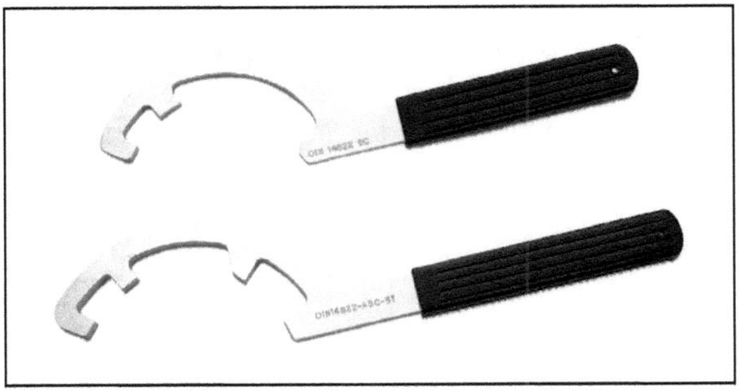

Abbildung 50:
Kupplungsschlüssel, Ausführung BC (oben) und Ausführung ABC (unten)
(Quelle: Dönges GmbH & Co. KG, Wermelskirchen)

Kupplungsschlüssel bestehen aus Stahl mit einem Griffstück und einem bogenförmigen Haken mit drei (Ausführung BC) oder vier Nasen (Ausführung ABC) sowie einem Kältehandschutz aus Kunststoff.

7.2 Betätigungsschlüssel für Hydranten

Betätigungsschlüssel werden zur Inbetriebnahme und zum Betreiben von Überflur- und Unterflurhydranten verwendet. Sie werden aus Stahl in geschmiedeter, geschweißter oder gegossener Ausführung mit Oberflächenschutz nach Wahl des Herstellers angefertigt.

7.2.1 Schlüssel B (Überflurhydrantenschlüssel)

Schlüssel B werden zur Inbetriebnahme von Überflurhydranten mit und ohne Fallmantel verwendet. Sie bestehen aus

- einem zylindrischen Zapfen mit innenliegendem Dreikant zum Betätigen der Verschlussschraube für den Fallmantel eines Überflurhydranten sowie zur Entriegelung von Sperrpfosten mit Dreikant-Verschluss,
- einem Zapfen mit Außensechskant, zur Betätigung des Absaugstutzens am Hydranten oder einer Feuerlösch-Schlauchanschlusseinrichtung,
- einem bogenförmigen Haken mit Steckstift zum Betätigen der Spindel des Hydrantenventiles von Überflurhydranten ohne Fallmantel,
- einer Dreikantöffnung zum Betätigen der Deckkapsel einer Festkupplung mit metallischer Dichtfläche, zum Beispiel am absperrbaren A-Druckanschluss in der Hydrantensäule eines Überflurhydranten, sowie
- einem Sechskant-Ringschlüssel zum Öffnen des Hydrantenventiles am Überflurhydrant mit Fallmantel.

Abbildung 51:
Schlüssel B
(Quelle: AWG Fittings GmbH, Ballendorf)

7.2.2 Schlüssel C (Unterflurhydrantenschlüssel)

Schlüssel C werden zum Herausheben der Deckel von der Straßenkappe der Unterflurhydranten sowie zur Inbetriebnahme der Hydranten verwendet. Sie werden aus Stahl gefertigt und bestehen aus einem etwa 1.150 Millimeter langen Schaft aus Rundstahl mit angeschmiedetem Schaftfuß mit Innenvierkant und einem Griff mit abgewinkelter Zunge.

Der Griff ist an der einen Seite abgeflacht und kann als Hammer zum Lockern von festsitzenden Deckeln der Straßenkappen verwendet werden. Die andere Seite des Griffes ist zu einer abgewinkelten Zunge flachgeschmiedet und wird zum Ausheben des Deckels der Straßenkappe verwendet. Der Schaftfuß wird zum Betätigen des Unterflurhydranten auf den Vierkantschoner der Ventilspindel des Hydranten aufgesetzt, und der Hydrant durch Drehen des Schlüssels geöffnet beziehungsweise geschlossen.

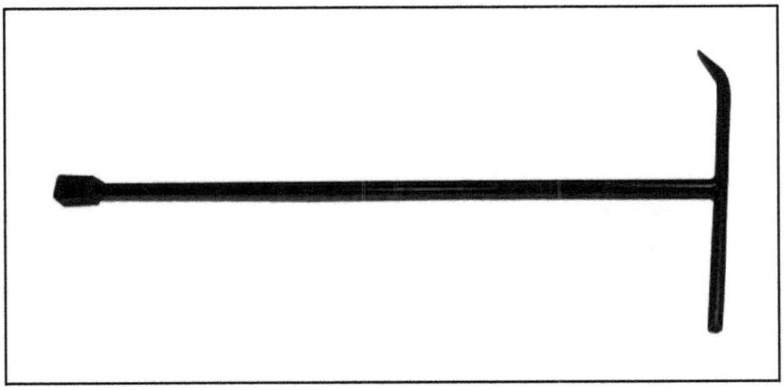

Abbildung 52:
Schlüssel C
(Quelle: Dönges GmbH & Co. KG, Wermelskirchen)

7.3 Schachthaken mit Kette

Schachthaken mit Kette werden zum Öffnen von Schachtdeckeln verwendet. Sie werden aus Stahl gefertigt und bestehen aus einem Rundstahl mit oval gebogenem Handgriff sowie einem angeschmiedeten dreieckigen Ende. Jeweils zwei einzelne Schachthaken sind durch eine kurze Kette unverlierbar miteinander verbunden.

Abbildung 53:
Schachthaken mit Kette
(Quelle: gfd® GmbH, Ludwigsfelde)

7.4 Mehrzweckleinen

Mehrzweckleinen werden vor allem zum Betätigen des Rückschlagorganes in Saugkörben (Ventilleine), zum Sichern von Saugleitungen (Halteleine), zur leichteren Entnahme von Saugleitungen aus einer Wasserentnahmestelle bei starken Strömungen, steilen Uferböschungen oder engen Schächten, zum Absperren (Absperrleine) sowie zum sonstigen Gebrauch (Arbeitsleine) verwendet. Sie dürfen nicht zum Sichern oder Rückhalten von gefährdeten Personen und Einsatzkräften, und nicht zum Ableinen oder Hochziehen schwebender Gegenstände verwendet werden.

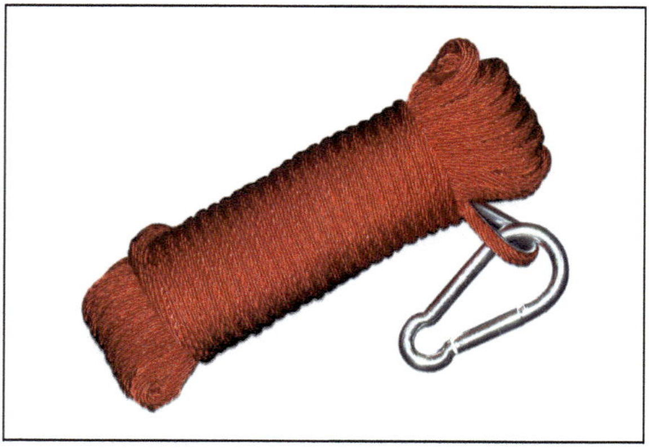

Abbildung 54:
Mehrzweckleine (mit Karabinerhaken, im zusammengelegten Zustand)
(Quelle: gfd® GmbH, Ludwigsfelde)

Eine Mehrzweckleine wird aus spiralgeflochtenen Polyesterfasern hergestellt und muss – zur besseren Unterscheidung von den vergleichbaren Feuerwehrleinen – dauerhaft durch die Farbe Rot gekennzeichnet sein. Die Gesamtlänge beträgt mindestens 20 Meter.

Das eine Ende ist mit einem Schlaufenspleiß versehen, das andere Ende mit einem Holzknebel oder mit einer Kausche mit Karabinerhaken. Zur Aufbewahrung der Mehrzweckleinen sind Mehrzweckleinenbeutel vorgesehen.

Hinweis: Ausgemusterte Feuerwehrleinen können als Mehrzweckleinen weiterverwendet werden. Sie müssen dann an beiden Enden auf einer Länge von mindestens einem Meter mit einer geeigneten Farbe dauerhaft rot gekennzeichnet werden.

7.5 Seilschlauchhalter

Seilschlauchhalter sind für besondere Zwecke der Feuerwehr gefertigte Leinen und werden zum Festlegen und Entlasten von Schlauchleitungen, die zum Beispiel über Leitern, in Treppenräumen oder frei hängend verlegt werden, sowie zum Sichern von sonstigen Geräten verwendet.

Sie werden aus spiralgeflochtenen Polyesterfasern hergestellt und müssen dauerhaft durch die Farbe Rot gekennzeichnet sein. Die Gesamtlänge beträgt mindestens 1.600 Millimeter. Das eine Ende ist mit einem Schlaufenspleiß versehen, das andere Ende mit einem Holzknebel oder mit einer Kausche mit Karabinerhaken.

Abbildung 55: Seilschlauchhalter mit Holzknebel (Quelle: gfd® GmbH, Ludwigsfelde)

7.6 Schlauchbrücken

Schlauchbrücken sind beidseitig befahrbare Rampen, die zum Schutz beziehungsweise Überfahren von B- oder C-Schlauchleitungen verwendet werden, wenn mit den Schlauchleitungen befahrene Straßen überquert werden müssen. Schlauchbrücken aus Holz sind zusammenlegbar und bestehen aus rotweiß gestrichenen und mit textilen Längs- und Quergurten verbundenen Kanthölzern aus Fichten- oder Kiefernholz. Sie sind für den Schutz von maximal zwei verlegten Schlauchleitungen geeignet.

Die nicht mehr genormten Schlauchbrücken aus Aluminium bestehen jeweils aus zwei Auffahrprofilen, die in ein Mittelprofil eingehängt werden. Sie sind für die gleichzeitige Verlegung von maximal zwei B-Schlauchleitungen und zwei C-Schlauchleitungen geeignet.

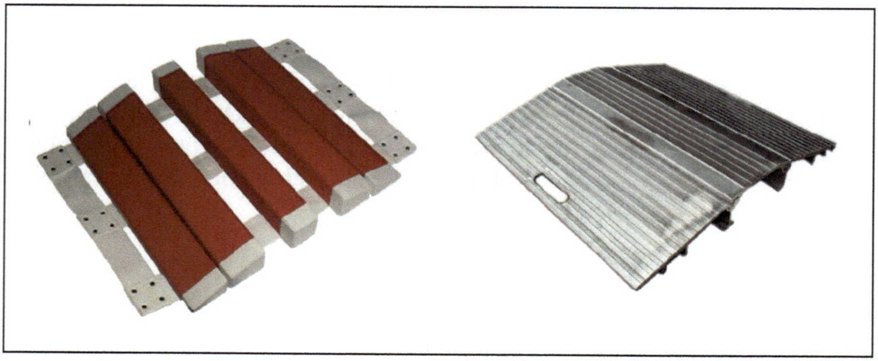

Abbildung 56: Schlauchbrücke aus Holz (links) und aus Aluminium (rechts) (Quelle: Dönges GmbH & Co. KG, Wermelskirchen)

Beim Überqueren von Straße (möglichst rechtwinklig zum Straßenverlauf) sind drei Schlauchbrücken auf einer Fahrbahnseite so auszulegen, dass Fahrzeuge mit verschiedenen Spurbreiten (Personenkraftwagen, Transporter, Lastkraftwagen, ...) die Schlauchleitungen sicher überfahren können. Auf einer Seite sind zwei Schlauchbrücken unmittelbar nebeneinander und in etwa einem Meter Abstand ist die dritte Schlauchbrücke auszulegen.

7.7 Schlauchtragekörbe

Schlauchtragekörbe werden zur einsatzbereiten Lagerung von B-, C- oder D-Druckschläuchen in Löschfahrzeugen, zum Transport der Schläuche im Bereich einer Einsatzstelle und im Einsatzfall zum schnellen und einfachen Verlegen der Druckschläuche verwendet. Die in Buchten in den Schlauchtragekörben eingelegten Druckschläuche werden beim Vorgehen der Einsatzkraft selbstständig nach hinten aus dem Schlauchtragekorb herausgezogen und dabei ohne Verdrehungen und knickfrei ausgelegt.

Sie bestehen aus einem Rahmengestell in korrosionsfester Ausführung mit einer festen und einer öffenbaren Seitenwand sowie einem in Längsrichtung angeordneten Tragegriff mit Fingerschutz.

Abbildung 57:
Schlauchtragekorb
(Quelle: Dönges GmbH & Co. KG, Wermelskirchen)

Der Tragegriff ist außermittig in Richtung der geschlossenen Stirnseite so angebracht, dass der Schlauchtragekorb beim Verlegen der Schlauchleitung vorne etwas hochgekippt und hinten abgekippt getragen wird. Somit wird ein Anschlagen der vorderen unteren Kante des Schlauchtragekorbes an flachen Hindernissen (Kanten, Stufen, ...) weitgehend vermieden und vor allem das Vorgehen über Treppen für die vorgehende Einsatzkraft erleichtert.

Die öffenbare Seitenwand ermöglicht ein leichtes Einlegen der Druckschläuche. Sie wird mit beidseitigen Klettbändern gegen ein unbeabsichtigtes Öffnen gesichert. Mit einem zusätzlichen Klettband wird die Kupplung des oberen Druckschlauches im Schlauchtragekorb gesichert.

Tabelle 7: Ausführungen der Schlauchtragekörbe

Kurzzeichen	Schlauchart	Anzahl
STK-B	B-20-K	2
STK-C	C 42-15-K / C 52-15-K	3
STK-D	C 42-15-K / C 52-15-K	2
	D-15-K	3

Die Beladung von Schlauchtragekörben kann auch entsprechend den Anforderungen der jeweiligen Feuerwehr ergänzt werden. Zu diesem Zweck können die Schlauchtragekörbe mit Unterteilungen und/oder Halterungen im Innenbereich ausgestattet sein, um zusätzliche Ausrüstungen aufzunehmen, zum Beispiel Schlauchabsperrungen, Strahlrohre, Kupplungsschlüssel oder auch andere Ausrüstungen.

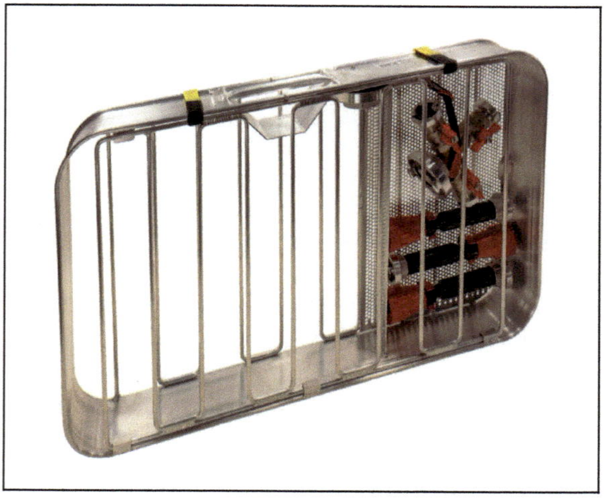

Abbildung 58:
Beispiel für einen Schlauchtragekorb STK-D mit zusätzlicher Ausrüstung (Strahlrohre, Verteiler, Übergangsstück) für die Vegetationsbrandbekämpfung
(Quelle: Dönges GmbH & Co. KG, Wermelskirchen)

7.8 Fahrbare Einpersonen-Haspeln

Fahrbare Einpersonen-Haspeln werden zum Transport und schnellen Verlegen von aufgerollten B-Schlauchleitungen verwendet. Sie können am Fahrzeugheck von Löschgruppenfahrzeugen mitgeführt werden. Aufgrund der äußeren Abmessungen und besonderer Hebelverhältnisse können diese Haspeln von nur einer Einsatzkraft vom Fahrzeug auf- und abgeprotzt und gezogen werden. Eine fahrbare Einpersonen-Haspel besteht aus

- einem Rohrrahmen mit Haspelachse und einem Zuggriff,
- zwei luftbereiften Rädern mit selbsthaltender Bremse,
- einer Schlauchhaspel mit Schlauchwelle und äußeren Haspelscheiben,
- einem Kupplungshalter zum Festlegen der Schlauchkupplung des innenliegenden Schlauchendes,
- einer Ablaufbremse, die ein Nachlaufen der Schlauchhaspel und ein Überschlagen der Schlauchkupplungen beim Verlegen verhindert,
- einer Aufwickelvorrichtung mit einem Einhand-Kurbeltrieb und
- einer Aufprotzvorrichtung mit selbsttätiger Verriegelung.

Abbildung 59:
Fahrbare Einpersonen-Haspel
(Quelle: Barth GmbH & Co. KG, Fellbach)

Fahrbare Einpersonen-Haspeln sind üblicherweise mit insgesamt acht zusammengekuppelten B-Druckschläuchen bestückt. Das Fahrgestell dieser Haspeln kann auch zur Aufnahme anderer feuerwehrtechnischer Ausrüstungen verwendet werden, zum Beispiel als Schlauchträger mit Schlauchtragekörben oder als Geräteträger für Verkehrs-Sicherungsmaterial.

Hinweis: Üblicherweise wird nur eine Einpersonen-Haspel mittig am Fahrzeugheck von Löschgruppenfahrzeugen mitgeführt. Aufgrund der äußeren Abmessungen können auch zwei Haspeln nebeneinander mitgeführt werden. Die Einpersonen-Haspeln werden jeweils mit speziellen Aufprotzvorrichtungen am Fahrzeugheck befestigt und mitgeführt.

7.9 Selbstkontrolle und Testfragen

(Lösungen siehe Seite 115)

1. Welche Aussagen über Kupplungsschlüssel sind zutreffend?

a) Sie werden zum Kuppeln und Entkuppeln von Kupplungen verwendet.
b) Sie werden zum vollständigen Schließen von Kupplungen verwendet.
c) Sie werden in drei Ausführungen gefertigt (A, B oder C).
d) Sie werden in zwei Ausführungen gefertigt (BC oder ABC).

2. Welche Betätigungsschlüssel werden von der Feuerwehr verwendet?

a) Schlüssel A für Über- und Unterflurhydranten.
b) Schlüssel B für Überflurhydranten mit oder ohne Fallmantel.
c) Schlüssel C für Unterflurhydranten.
d) Schlüssel D für Unterflurhydranten mit Schachtabdeckung.

3. Wozu können Schachthaken verwendet werden?

a) Zum Öffnen von Unterflurhydranten.
b) Zum Ausschachten von Hydranten.
c) Zum Öffnen von Schachtdeckeln.
d) Zum Absteigen in Löschwasserschächte.

4. Welche Aussagen über Mehrzweckleinen sind zutreffend?

a) Sie können als Ventilleine oder Halteleine verwendet werden.
b) Sie haben eine Länge von maximal 10 Meter.
c) Sie haben eine Länge von mindestens 20 Meter.
d) Sie sind durch die Farbe Rot gekennzeichnet.

5. Welche Aussagen über Seilschlauchhalter sind zutreffend?

a) Sie werden zum Verbinden von Schläuchen verwendet.
b) Sie haben eine Länge von maximal 1.200 Millimeter.
c) Sie werden aus gezwirnten Textilfasern hergestellt.
d) Sie sind durch die Farbe Rot gekennzeichnet.

6. Wozu werden Schlauchbrücken verwendet?

a) Zum Errichten von Schlauchüberführungen auf befahrenen Straßen- und Schienenwegen.
b) Zum Unterlegen von Schlauchleitungen, die auf nicht geeigneten Geländeoberflächen verlegt werden müssen.
c) Zum Schutz beziehungsweise zum Überfahren von Schlauchleitungen, die über befahrene Straßen verlegt werden müssen.

7. Welche Aussagen über Schlauchtragekörbe sind zutreffend?

a) Sie werden zum schnellen und einfachen Verlegen von B-, C- oder D-Druckschläuchen verwendet.
b) Sie werden zum schnellen und einfachen Verlegen von formstabilen Druckschläuchen verwendet.
c) Sie können mit zwei B-Druckschläuchen bestückt sein.
d) Sie können mit vier C-Druckschläuchen bestückt sein.

8. Welche wesentlichen Bestandteile gehören zu einer fahrbaren Einpersonen-Haspel?

a) Ein Rohrrahmen mit Haspelachse und einem Zuggriff.
b) Zwei luftbereifte Räder mit selbsthaltender Bremse.
c) Eine Schlauchhaspel mit Schlauchwelle und äußeren Haspelscheiben.
d) Ein Kupplungshalter zum Festlegen des innenliegenden Schlauchendes.
e) Eine Aufwickelvorrichtung mit einem Einhand-Kurbeltrieb.
f) Eine Aufprotzvorrichtung mit selbsttätiger Verriegelung.

8 Beleuchtungsgeräte

Gemäß der Vorgaben der Feuerwehr-Dienstvorschrift 1 (FwDV 1) „Grundtätigkeiten – Lösch- und Hilfeleistungseinsatz" gehört im Rahmen der Brandbekämpfung jeweils ein Beleuchtungsgerät zur Einsatzausrüstung der Einheitsführer, der Melder und der Truppführer des Angriffstrupps und des Sicherheitstrupps. Auf allen genormten Löschfahrzeugen werden zu diesem Zweck explosionsgeschützte Einsatzleuchten und Handscheinwerfer in unterschiedlicher Stückzahl mitgeführt. Diese tragbaren und netzunabhängigen Beleuchtungsgeräte sind vor allem zu Einsatzbeginn schnell verfügbar und einsetzbar und werden von den Einsatzkräften verwendet, um zum Beispiel in einem begrenzten Umfeld innerhalb der Einsatzstelle die für die Erkundung, das Ausleuchten des Zugangs, das Ausleuchten von Räumen oder das Suchen vermisster Personen notwendige Helligkeit zu schaffen.

8.1 Explosionsgeschützte Einsatzleuchten

Explosionsgeschützte Einsatzleuchten werden in leichte und in schwere Einsatzleuchten unterschieden. Leichte Einsatzleuchten haben üblicherweise die Form einer Stableuchte und können mit einer entsprechenden Halterung auch als Helmleuchte verwendet werden.

Abbildung 60: Beispiele für explosionsgeschützte Einsatzleuchten (Quelle: links und rechts: Witte + Sutor GmbH, Murrhardt, mittig: gfd® GmbH, Ludwigsfelde)

Schwere Einsatzleuchten haben üblicherweise eine L-Form, zum Teil auch mit beweglichem Lampenkopf, und können mit einer Befestigungsklammer oder einem entsprechenden Holster an der Einsatzjacke, an einem Feuerwehr-Haltegurt oder am Schultergurt eines Pressluftatmers angebracht werden.

Als Leuchtmittel werden in diesen Einsatzleuchten Glühlampen (Halogen, Xenon, ...) oder Leuchtdioden (LED) verwendet. Die Stromversorgung erfolgt über „normale“ Batterien in handelsüblichen Größen oder über wiederaufladbare Batterien (NiMH-Akku, NiCd-Akku, LiIon-Akku, ...), die durch ein gesondertes 230-Volt-Netzladegerät oder über eine entsprechende Fahrzeughalterung aus dem Kraftfahrzeug-Bordnetz geladen werden.

Einsatzleuchten werden durch im Griffbereich angebrachte Schalter manuell eingeschaltet, die gegen unbeabsichtigtes Betätigen geschützt sind und mit Feuerwehrhandschuhen bedient werden können. An den Einsatzleuchten muss die Möglichkeit vorhanden sein, die Leuchten gegen Verlieren zu sichern, zum Beispiel eine Befestigungsklammer und/oder eine Ringöse.

8.2 Explosionsgeschützte Handscheinwerfer

Explosionsgeschützte Handscheinwerfer bestehen aus einem stabilem Gehäuse zur Aufnahme der Batterien und einem schwenkbaren Oberteil mit Handgriff zur Aufnahme des Reflektors und der beiden Leuchtmittel für das Hauptlicht und das Nebenlicht.

Als Leuchtmittel werden in den Handscheinwerfern Glühlampen (Halogen, Xenon, ...) oder Leuchtdioden (LED) verwendet. Durch den im Griffbereich des Tragegriffes angebrachten Schalter, der gegen unbeabsichtigtes Betätigen geschützt ist und mit Feuerwehrhandschuhen bedient werden kann, wird das Hauptlicht beziehungsweise das Nebenlicht manuell eingeschaltet. Es lassen sich folgende Beleuchtungszustände des Hauptlichtes schalten: ein stark gebündelter und weitreichender Lichtstrahl, ein gebündelter Lichtstrahl oder ein weit gestreutes gleichmäßiges Licht.

Das Nebenlicht dient nur als Markierungs- oder Kennzeichnungssignal in dunklen Bereichen und wird beim Ausfall des Hauptlichtes oder beim Absinken der Batteriespannung automatisch eingeschaltet.

Abbildung 61:
Beispiele für explosionsgeschützte Handscheinwerfer
(Quelle: Cooper Crouse-Hinds GmbH, Eberbach (links), Metallwarenfabrik Gemmingen GmbH (rechts))

Die Stromversorgung der Handscheinwerfer erfolgt über „normale“ Batterien in handelsüblichen Größen oder über wiederaufladbare Batterien (NiMH-Akku, NiCd-Akku, LiIon-Akku, ...), die durch ein gesondertes 230-Volt-Netzladegerät oder über eine entsprechende Fahrzeughalterung aus dem Kraftfahrzeug-Bordnetz geladen werden.

Die zu den Handscheinwerfern gehörenden Fahrzeughalterungen dienen dazu, die Handscheinwerfer während der Aufbewahrung im Einsatzfahrzeug mechanisch zu sichern. Die Handscheinwerfer müssen aus den Fahrzeughalterungen nach vorn oben oder nach oben entnommen werden können. Beim Einsetzen eines Handscheinwerfers in die Fahrzeughalterung muss dieser automatisch verriegelt und, sofern eine Ladung vom Bordnetz vorgesehen ist, die Ladeeinrichtung in Betrieb gesetzt werden.

9 Tragbare Lüftungsgeräte

Damit bei Bränden in Räumen oder in Gebäuden zum einen der Brandrauch abgeführt und so die Sichtverhältnisse und die Rettungsmöglichkeiten für die Einsatzkräfte verbessert werden und zum anderen die entstandene Wärme abgeführt und so eine Brandbekämpfung im Innenangriff ermöglicht wird, setzen die Feuerwehren tragbare Lüftungsgeräte ein. Mit diesen Geräten werden Luftströmungen in den betroffenen Räumen oder Gebäuden erzeugt, die für eine gezielte Rauch- und Wärmeabfuhr sorgen.

9.1 Lüftungsgeräte zum Belüften

Lüftungsgeräte zum Belüften – auch Hochleistungslüfter oder Überdrucklüfter genannt – erzeugen einen gerichteten Luftstrom zwischen einer Zuluftöffnung (Tür oder Fenster) vor einem Gebäude und einer Abluftöffnung (Tür, Fenster oder ähnliches) am Gebäude, durch die der Rauch und die Wärme aus dem Gebäude entweichen. Dazu werden Lüftungsgeräte nach bestimmten einsatztaktischen Grundsätzen und in Abhängigkeit von der Ausführung des Gerätes außerhalb des Gebäudes vor einer Zuluftöffnung aufgestellt und betrieben. Als Antrieb für das Lüfterrad werden Verbrennungs- oder Elektromotoren oder Wasserturbinen verwendet. Der grundsätzliche Aufbau der Lüftungsgeräte besteht aus einem Traggestell mit Transportbügel und Kippwinkelverstellung, aus Standfüßen und gegebenenfalls zusätzlichen Transporträdern, aus einem von einem Schutzgehäuse mit Schutzgitter umschlossenen Lüfterrad und aus der jeweiligen Antriebseinheit.

9.1.1 Lüftungsgeräte mit Verbrennungsmotor

Zum Antrieb des Lüfterrades dieser Lüftungsgeräte werden Einzylinder-Viertakt-Motoren (oder Einzylinder-Zweitakt-Motoren) verwendet. Sie können sehr mobil und unabhängig von Leitungen oder Schläuchen aufgestellt und eingesetzt werden, erzeugen jedoch erheblichen Lärm, können nur im begrenzten Umfang schräg gestellt und dürfen nicht in explosionsgefährdeten Bereichen eingesetzt werden.

Abbildung 62:
Lüftungsgerät mit Verbrennungsmotor
(Quelle: Grenz Tec GmbH, Biberach)

Hinweis: Lüftungsgeräte mit Verbrennungsmotoren dürfen nur außerhalb von Gebäuden eingesetzt werden. Damit vermieden wird, dass dabei die entstehenden Abgase des Verbrennungsmotors vom Lüfterrad angesaugt und so in den Luftstrom und in den betroffenen Gebäudebereich gelangen, müssen beim Betrieb dieser Lüftungsgeräte die Abgase immer über einen Abgasschlauch in geeigneter Weise abgeleitet werden.

9.1.2 Lüftungsgeräte mit Elektromotor

Zum Antrieb des Lüfterrades dieser tragbaren Lüftungsgeräte werden Elektromotoren mit einer Nennspannung von 230 Volt (oder 400 Volt) verwendet. Für den Betrieb dieser Lüftungsgeräte müssen erst die notwendigen elektrischen Leitungen zu feuerwehreigenen Stromerzeugern verlegt werden. Gegenüber den Lüftungsgeräten mit Verbrennungsmotoren haben Lüftungsgeräte mit Elektromotoren aber den Vorteil der geringeren Geräuschentwicklung und der Abgasvermeidung.

Weiterhin können sie im Rahmen bestimmter Einsätze, zum Beispiel zum Belüften von Gruben, Lichtschächten oder Kanalsystemen, lageunabhängig – auch waagerecht liegend – eingesetzt werden.

9.1.3 Lüftungsgeräte mit Akku-Betrieb

Zum Antrieb des Lüfterrades dieser tragbaren Lüftungsgeräte werden ebenfalls Elektromotoren mit einer Nennspannung von 230 Volt verwendet. Die Energieversorgung erfolgt entweder über eine Anschlussleitung aus Stromnetzen oder über die eingebauten Nickel-Metallhydrid-Akkumulatoren (NiMH-Akkus). Beim Betrieb über den 230-Volt-Anschluss werden gleichzeitig die Akkumulatoren aufgeladen. Die Laufzeit im Akku-Betrieb beträgt bei Volllast etwa 20 Minuten bis 45 Minuten.

Tragbare Lüftungsgeräte mit Akku-Betrieb sind im Vergleich zu herkömmlichen Lüftungsgeräten sehr kompakt gebaut, leicht tragbar und handlich. Sie sind sofort einsetzbar und können schnell in Betrieb genommen werden, entweder eigenständig oder noch bevor die notwendigen elektrischen Leitungen zum feuerwehreigenen Stromerzeuger verlegt wurden.

Abbildung 63: Lüftungsgerät mit Akku-Betrieb (Quelle: LEADER Group)

9.1.4 Lüftungsgeräte mit Wasserturbine

Zum Antrieb des Lüfterrades dieser Lüftungsgeräte werden Wasserturbinen verwendet. Im Gehäuse der Wasserturbinen wird ein mehrflügeliges Turbinenrad durch strömendes Wasser in Drehbewegung versetzt. Bestimmte Lüftungsgeräte verfügen über ein handradbetätigtes Regelventil an der Eingangsseite, mit dem die Drehzahl unabhängig von Förderdruck der Feuerlöschkreiselpumpe verstellt werden kann. Die Wasserturbinen sind üblicherweise eingangs- und ausgangsseitig jeweils mit einer B-Festkupplung ausgestattet und werden von einem Löschfahrzeug mit Löschwasserbehälter aus betrieben.

Dazu wird vom Druckausgang der Feuerlöschkreiselpumpe eine B-Schlauchleitung zur Eingangsseite der Wasserturbine und von der Ausgangsseite eine B-Schlauchleitung zum Tankfüllanschluss des Löschmittelbehälters am Löschfahrzeug verlegt. Für den wirksamen Betrieb des Lüftungsgerätes ist dann ein Betriebsdruck von etwa 12 Bar erforderlich.

Abbildung 64:
Beispiel für ein Lüftungsgerät mit Wasserturbine
(Quelle: Grenz Tec GmbH, Biberach)

Lüftungsgeräte mit Wasserturbine werden üblicherweise aufrechtstehend betrieben. Dabei kann über die Kippwinkelverstellung des Rahmens die Neigung der Geräte an die Einsatzerfordernisse angepasst werden.

Konstruktionsbedingt können diese Lüftungsgeräte auch waagerecht liegend eingesetzt werden, zum Beispiel zum Belüften von Gruben, Lichtschächten oder Kanalsystemen. Beim waagerechten Betrieb ist besonders darauf zu achten, dass die angeschlossenen Schläuche nicht abgeknickt werden.

Beim Betrieb der Lüftungsgeräte mit Wasserturbine ist weiterhin zu beachten, dass ein Stellungswechsel aufgrund der angeschlossenen (und unter Druck stehenden) B-Schläuche oft nur mit größerem Aufwand und nur beim Stillstand des Gerätes und druckentlasteten B-Schläuchen möglich ist.

9.2 Lüftungsgeräte zum Be- und Entlüften

Lüftungsgeräte zum Be- und Entlüften können, wie die sonstigen Lüftungsgeräte, zum Belüften von Räumen und Gebäuden eingesetzt werden. Unter Verwendung spezieller Saug- und Drucklutten können diese Lüftungsgeräte außerdem zum Entlüften von Gebäuden, schwer zugänglichen oder tiefliegenden Räumen, Behältern oder Schächten eingesetzt werden.

Sie werden mit Elektromotoren mit einer Nennspannung von 230 Volt oder 400 Volt betrieben und sind üblicherweise für den Einsatz in explosionsgefährdeten Bereichen ausgerüstet und zugelassen. Zum Entlüften können an diesen Lüftungsgeräten saugseitig spezielle spiralverstärkte Sauglutten (gestreckte Länge etwa 5 Meter) mit Hilfe von Vorsatzflanschen und Verbindungsschellen befestigt werden, die auch bei dem im Saugbetrieb entstehenden Unterdruck ihre äußere Form behalten.

Zur Fortleitung der angesaugten belasteten Luft oder des Rauches – zum Beispiel durch nicht betroffene Bereiche – können an diesen Lüftungsgeräten druckseitig spezielle Drucklutten aus transparentem Kunststoff (gestreckte Länge bis etwa 20 Meter) mit Hilfe von Vorsatzflanschen und Verbindungsschellen befestigt werden.

Abbildung 65:
Tragbares Lüftungsgerät zum Be- und Entlüften
(Quelle: B.S. Belüftungs-GmbH, Bachhagel)

Hinweis: Durch die Verwendung spezieller Zubehörteile, zum Beispiel Wasserteil mit Siebkegel und Zumischteil mit C-Kupplung, können diese Lüftungsgeräte im Rahmen von Brandbekämpfungsmaßnahmen auch für die Erzeugung von Leichtschaum eingesetzt werden.

9.3 Selbstkontrolle und Testfragen

(Lösungen siehe Seite 115)

1. Welche Antriebsarten sind für Lüftungsgeräte vorgesehen?

a) Verbrennungsmotoren.
b) Fliehkraftmotoren.
c) Elektromotoren.
d) Wasserturbinen.
e) Kreiselpumpen.

2. Aus welchen Baugruppen besteht ein Lüftungsgerät zum Belüften?

a) Traggestell mit Transportbügel und Kippwinkelverstellung.
b) Standfüße und gegebenenfalls zusätzliche Transporträder.
c) Schutzgehäuse mit Schutzgitter.
d) Lüfterrad mit Antriebseinheit.

3. Welchen Vorteil bieten Lüftungsgeräte mit Akku-Betrieb gegenüber herkömmlichen Lüftungsgeräten?

a) Sie sind sehr kompakt gebaut, leicht tragbar und handlich.
b) Sie können schnell in Betrieb genommen werden.
c) Sie sind besonders preiswert und günstig im Verbrauch.
d) Sie sind wirksamer als herkömmliche Lüftungsgeräte.

4. Wofür können Lüftungsgeräte zum Be- und Entlüften eingesetzt werden?

a) Zum Belüften von Räumen und Gebäuden.
b) Zum Entlüften von Gebäuden (mit Saug- und Drucklutten).
c) Zum Erzeugen von Wassernebel (mit Wassereinspritzsystem).
d) Zum Erzeugen von Leichtschaum (mit speziellen Zubehörteilen).

10 Sonstige Ausrüstungen und Geräte

In den Beladelisten der genormten Löschfahrzeuge werden weitere Ausrüstungen und Geräte aufgeführt, die im Zusammenhang mit Löscheinsätzen von den Einsatzkräften verwendet werden können.

10.1 Feuerwehrleinen

Feuerwehrleinen sind für besondere Zwecke hergestellte Leinen, die vor allem zur Rettung von Personen sowie zur Selbstrettung und zur Eigensicherung von Einsatzkräften verwendet werden. Darüber hinaus werden sie auch zum Hochziehen, Herablassen oder Sichern von Geräten verwendet.

Abbildung 66: Feuerwehrleine, mit Holzknebel
(Quelle: gfd® GmbH, Ludwigsfelde)

Feuerwehrleinen bestehen aus spiralgeflochtenen weißen Polyesterfasern und haben eine Länge von 30 Meter. Ein Ende einer Feuerwehrleine hat einen Schlaufenspleiß, das andere Ende kann mit einem Holzknebel oder einer Kausche mit Karabinerhaken versehen sein. Feuerwehrleinen werden so in Feuerwehrleinenbeutel eingelegt, dass sie im Einsatzfall ohne Verschlingungen und Verknotungen frei ablaufen können.

10.2 Hebel-/Brechwerkzeug

Bei einem Löscheinsatz kann ein multifunktionales Hebel-/Brechwerkzeug (auch Halligan-Tool genannt), zum Beispiel zum Aufbrechen von Türen, verwendet werden.

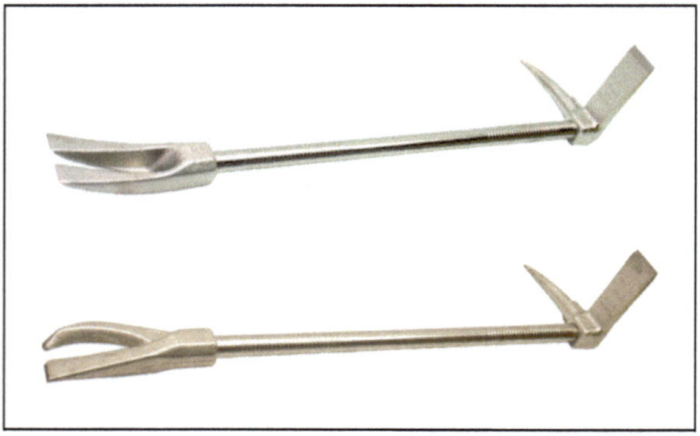

Abbildung 67: Beispiele für Hebel-/Brechwerkzeuge (Quelle: PARATECH®, Odense/Dänemark)

Diese aus einem Stück geschmiedeten Werkzeuge haben an einem Stielende eine keilförmige Querschneide und einen spitz zulaufenden Runddorn, jeweils in einem Winkel von 90 Grad zueinander und zum Stielende. Am anderen Stielende befindet sich eine Klinge in Nageleisenform („Kuhfußklaue“) in einem Winkel von etwa 30 Grad zum Werkzeugstiel oder eine Blechschneidklaue, die jeweils auch als Nageleisen verwendet werden können. Die Länge der Hebel-/Brechwerkzeuge beträgt etwa 750 Millimeter.

10.3 Feuerwehraxt

Eine Feuerwehraxt ist eine speziell für den Feuerwehreinsatz ausgeführte Axt, die zusätzlich zur breiten Spaltschneide mit einer schmalen Hebelschneide ausgestattet ist. Bei einem Löscheinsatz kann die Spaltschneide zum Beispiel zum Einschlagen und Öffnen von Türen verwendet werden Die Hebelschneide kann gegebenenfalls für das Einschlagen von Glasscheiben oder zum Anheben von Hydranten- oder Straßendeckeln verwendet werden.

Abbildung 68:
Feuerwehraxt
(Quelle: gfd® GmbH, Ludwigsfelde)

Der etwa 900 Millimeter lange Stiel einer Feuerwehraxt besteht aus Holz oder aus glasfaserverstärktem Kunststoff.

10.4 Feuerwehrbeil

Ein Feuerwehrbeil kann als ergänzende persönliche Schutzausrüstung in einer Schutztasche aus Leder am Feuerwehr-Haltegurt befestigt werden. Feuerwehrbeile bestehen aus einem geschmiedeten Beilkörper mit scharf geschliffener Spaltschneide und einer Hebelschneide, in dem ein Rohrstiel mit einem Handschutz aus rutschfestem Kunststoff befestigt ist. Am Stielende ist ein Dreikanteinsatz aus Stahl eingearbeitet.

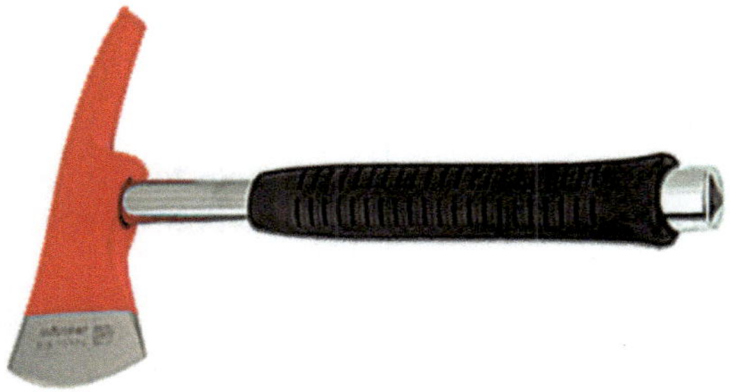

Abbildung 69:
Feuerwehrbeil
(Quelle: gfd® GmbH, Ludwigsfelde)

Die Einsatzmöglichkeiten der Feuerwehrbeile entsprechen denjenigen der Feuerwehräxte. Mit der Hebelschneide lassen sich darüber hinaus auch Drehverschlüsse von Brandschutzeinrichtungen und Feuerwehrkästen öffnen. Mit dem Dreikanteinsatz am Stielende können Sperrpfosten oder Fallmäntel von Überflurhydranten entriegelt werden.

10.5 Einreißhaken

Ein Einreißhaken kann zum Einreißen und Einstoßen von Bauteilen sowie zum Herausziehen von Gegenständen aus Gefahrenbereichen eingesetzt werden. Einreißhaken bestehen aus einem Stiel aus Aluminium mit aufsteckbarem Haken aus Stahl. Der stufenlos teleskopierbare Stiel besteht aus einem inneren Rohr mit einem Aufsteckzapfen zum Anschluss des Hakens und einem äußeren Rohr, das zur stufenlosen Verlängerung verstellt werden kann. Die Länge der Einreißhaken beträgt im eingeschobenen Zustand maximal 2.000 Millimeter und im ausgeschobenen Zustand mindestens 3.000 Millimeter. Mit einem zusätzlichen Verlängerungsrohr lässt sich die Gesamtlänge auf mindestens 4.650 Millimeter verlängern.

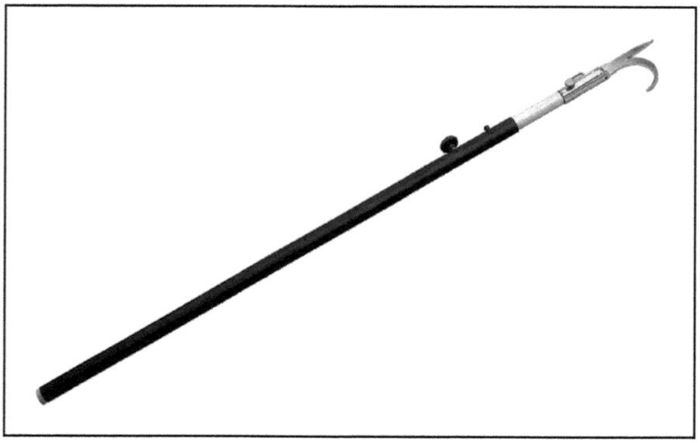

Abbildung 70:
Teleskopierbarer Einreißhaken
(Quelle: MUNK Günzburger Steigtechnik)

Bei der Lagerung oder dem Transport des Einreißhakens muss der Haken aus Sicherheitsgründen vollständig durch eine entsprechende Abdeckung geschützt werden.

10.6 Mulden

Mulden (auch Schuttmulden genannt) sind kastenförmige tragbare Transportgefäße, die verwendet werden, um an Einsatzstellen Brandschutt, Glutreste oder Asche wegzuräumen oder geringe Mengen auslaufender Flüssigkeiten aufzufangen. Der Muldenbehälter mit gebördeltem Rand und die beiden seitlich angebrachten Klappgriffe werden aus feuerverzinktem beziehungsweise aus nichtrostendem Stahl gefertigt. Durch ihre spezielle Form sind die Mulden leicht stapelbar und so einfach in Einsatzfahrzeugen zu verstauen.

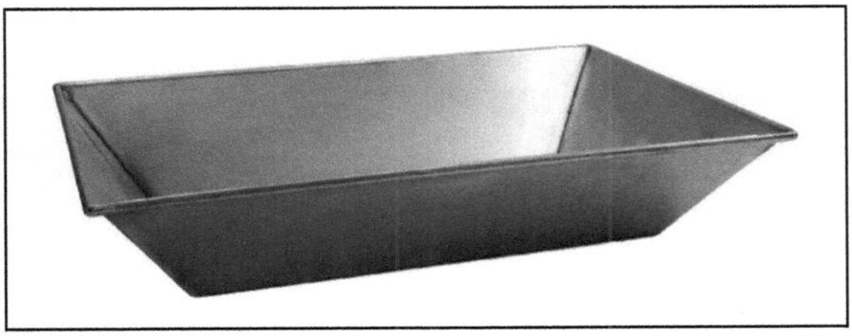

Abbildung 71:
Mulde aus Edelstahl
(Quelle: Dönges GmbH & Co. KG, Wermelskirchen)

10.7 Feuerwehr-Elektrowerkzeugkasten

Ein genormter Feuerwehr-Elektrowerkzeugkasten enthält eine Zusammenstellung von bis 1.000 Volt isolierten Werkzeugen sowie entsprechendem Zubehör und wird als feuerwehrtechnische Ausrüstung auf bestimmten Löschgruppenfahrzeugen mitgeführt.

Arbeiten im Bereich von unter Spannung stehenden Anlagen, Einrichtungen und Installationen dürfen nur durch Elektrofachkräfte durchgeführt werden. An Einsatzstellen der Feuerwehr ist jedoch nicht immer gewährleistet, dass Elektrofachkräfte oder elektrotechnisch unterwiesene Personen des Anlagenbetreibers unverzüglich zur Verfügung stehen. Deshalb ist es vertretbar, wenn elektrotechnisch unterwiesene Einsatzkräfte im Bereich von elektrischen Niederspannungsanlagen, zum Beispiel im Bereich von Hausinstallationen, bestimmte Sicherungsmaßnahmen (Freischalten und Abschalten) übernehmen, insbesondere wenn dies für den Einsatzverlauf zwingend erforderlich ist. Für dieses ausnahmsweise Vorgehen kann der Inhalt eines Feuerwehr-Elektrowerkzeugkasten verwendet werden.

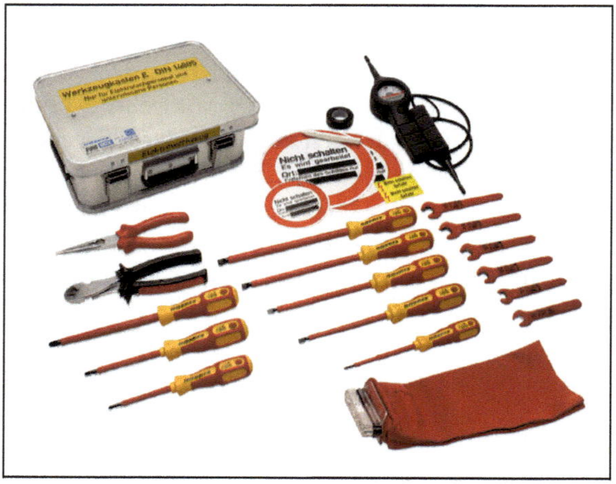

Abbildung 72:
Inhalt und Unterbringung des Feuerwehr-Elektrowerkzeugkastens
(Quelle: Dönges GmbH & Co. KG, Wermelskirchen)

10.8 Wärmebildkamera

Alle Körper oder Gegenstände strahlen mehr oder weniger Wärme ab, die sich wellenförmig als für das menschliche Auge nicht sichtbare Infrarotstrahlung ausbreitet. Mit einer tragbaren Wärmebildkamera kann die Feuerwehr diese Infrarotstrahlung über eine Objektivlinse auf einen entsprechenden Sensor der Kamera gelenkt werden, der dann ein elektronisches Abbild der unterschiedlichen Infrarotstrahlung beziehungsweise Temperatur erzeugt, auf einen eingebauten Bildschirm überträgt und sie dort in unterschiedliche Helligkeitsstufen (Graustufen) beziehungsweise Farben anzeigt. Da Infrarotstrahlung keine festen Gegenstände, jedoch Rauch oder Dunkelheit durchdringt, können so zum Beispiel Personen schneller gefunden oder Brandherde aufgespürt werden.

Hinweis: Bei der Anwendung von Wärmebildkameras ist jedoch zu beachten, dass auf dem Bildschirm nur äußere Umrisse von Körpern und Gegenstände erkennbar sind und die räumliche Tiefe des betroffenen Bereiches mit einer Wärmebildkamera nicht wahrgenommen werden kann.

Wärmebildkameras werden von den Feuerwehren vor allem zur besseren Orientierung beim Vorgehen und zum Suchen von vermissten Personen in verrauchten Brandobjekten verwendet. Darüber hinaus können sie zum Aufspüren von Bränden oder auch von verdeckt brennenden Brandnestern sowie zur Kontrolle des Löscherfolges bei Nachlöscharbeiten verwendet werden.

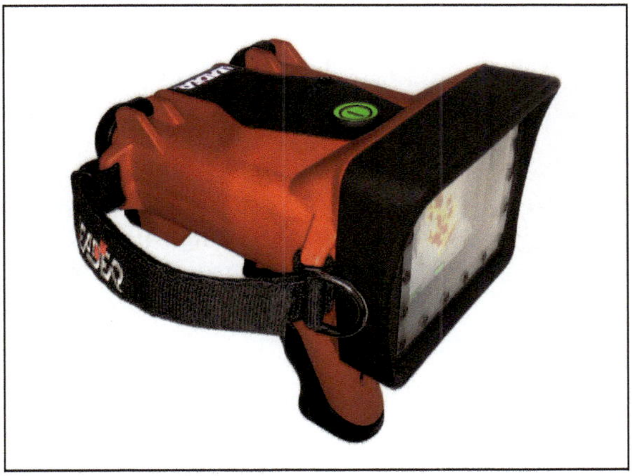

Abbildung 73:
Beispiel für eine Wärmebildkamera
(Quelle: LEADER Group)

Gemäß der aktuellen Normen wird auf allen Löschfahrzeugen mindestens eine Wärmebildkamera mitgeführt. Diese Wärmebildkameras müssen für den Feuerwehreinsatz im Innenangriff geeignet, mit Feuerwehrschutzhandschuhen bedienbar, robust, wärmebeständig, staubdicht und gegen zeitweiliges Untertauchen in Wasser geschützt sein. Der Betrieb der Wärmebildkameras wird über aufladbare Akkus sichergestellt.

10.9 Faltbehälter

Auf den Löschgruppenfahrzeugen LF 20 KatS und den Schlauchwagen SW 2000 KatS wird jeweils ein selbsttragender offener Faltbehälter mit einem Inhalt von 5.000 Liter als Standardbeladung mitgeführt. Diese Faltbehälter bestehen aus einem beschichteten Kunststoffgewebe und sind mit einem absperrbaren A-Anschluss ausgestattet.

Beim Befüllen richtet sich der Faltbehälter selbstständig auf und benötigt somit kein Stützgestell. Sie werden zum Beispiel bei einer Löschwasserförderung in offener Schaltreihe eingesetzt.

Abbildung 74:
Selbsttragender offener Faltbehälter
(Quelle: Vetter GmbH, Zülpich)

10.10 Selbstkontrolle und Testfragen

(Lösungen siehe Seite 115)

1. Wozu werden Feuerwehrleinen verwendet?

a) Zur Rettung und zur Sicherung von Personen.
b) Zur Selbstrettung und zur Eigensicherung von Einsatzkräften.
c) Zur Verwendung bei der Absturzsicherung.
d) Zum Hochziehen und Herablassen von Geräten.
e) Zur Sicherung von Geräten.

2. Welche Merkmale kennzeichnen ein Hebel-/Brechwerkzeug?

a) Eine keilförmige Querschneide und einen spitz zulaufenden Runddorn an einem Stielende.
b) Eine Klinge in Nageleisenform oder eine Blechschneidklaue an einem Stielende.
c) Eine Länge von etwa 750 Millimeter.
d) Eine Masse von etwa 7,5 Kilogramm.

3. Welche Merkmale kennzeichnen einen Einreißhaken?

a) Ein Stiel aus Aluminium mit aufsteckbarem Haken aus Stahl.
b) Ein Stiel aus Holz mit aufsteckbarem Haken aus Aluminium.
c) Eine Länge von maximal 2.000 Millimeter im eingeschobenen Zustand.
d) Eine Länge von maximal 2.000 Millimeter im ausgeschobenen Zustand.
e) Eine Länge von maximal 3.600 Millimeter im ausgeschobenen Zustand.

4. Wozu werden Wärmebildkameras verwendet?

a) Zur Orientierung beim Vorgehen und zum Suchen vermisster Personen.
b) Zum Aufspüren von Bränden oder von verdeckt brennenden Brandnestern.
c) Zum Fotografieren bei sommerlichen Temperaturen.
d) Zur Kontrolle des Löscherfolges bei Nachlöscharbeiten.

11 Literatur- und Quellenverzeichnis

Feuerwehr-Dienstvorschrift 1 (FwDV 1) „Grundtätigkeiten – Lösch- und Hilfeleistungseinsatz“, Stand September 2006, Ausschuss Feuerwehrangelegenheiten, Katastrophenschutz und zivile Verteidigung, Deutscher Gemeindeverlag W. Kohlhammer GmbH, Stuttgart

DGUV Vorschrift 49 „Unfallverhütungsvorschrift – Feuerwehren“, Ausgabe Juni 2018, Deutsche Gesetzliche Unfallversicherung e.V. (DGUV), Berlin

DGUV Information 205-014 „Auswahl von persönlicher Schutzausrüstung für Einsätze bei der Feuerwehr – Basierend auf einer Mustergefährdungsbeurteilung“, Ausgabe August 2024, Deutsche Gesetzliche Unfallversicherung e.V. (DGUV), Berlin

„Das Feuerwehr-Lehrbuch, Grundlagen – Technik – Einsatz“, 7. erweiterte und überarbeitete Auflage 2022, herausgegeben von der Redaktion der Fachzeitschrift Brandschutz/Deutsche Feuerwehr-Zeitung, Verlag W. Kohlhammer GmbH, Stuttgart

Ebert, K.: „AWG – Handbuch Feuerwehrarmaturen“, 2. Auflage 1988, Druckerei Schmid GmbH & Co, Giengen / Brenz

Döbbemann, W. und Loosen, H.: Der Feuerwehrmann auf der Schulbank „Gerätekunde“, 4. Auflage 1972, Verlag Jürgen Jamelle, Bochum

Hamilton, W.: „Handbuch für die Feuerwehr“, 21. Auflage 2012, Richard Boorberg Verlag GmbH & Co KG, Stuttgart

Schott, L., Ritter, M.: „Aktuelles Grundwissen für den Dienst in der Feuerwehr“, 18. Auflage 2016, Wenzel Verlag, Marburg

DIN-Normen, Bezug bei der DIN Media GmbH, Burggrafenstraße 6, 10787 Berlin

Lösungen

Lösungen zu Kapitel 2.7: 1. b); 2. a) und c); 3. a) c) und d); 4. a), c) und d); 5. a) und c); 6.b) und c)

Lösungen zu Kapitel 3.8: 1. a) und d); 2. b) und d); 3. a) und c); 4. a), b) und d)

Lösungen zu Kapitel 4.5: 1. a), c) und d); 2. b), c) und d); 3. a), b) und c); 4. c); 5. b) und c); 6. a), b) und e); 7. b); 8. c) und d)

Lösungen zu Kapitel 5.5: 1. c), d) und e); 2. a), c) und d); 3. a), b) und c); 4. b), c) und d)

Lösungen zu Kapitel 6.10: 1. b); 2. a) und c); 3. d); 4. a), b) und d); 5. c); 6. a) und b); 7. a) und c); 8. a), c) und d)

Lösungen zu Kapitel 7.9: 1. a), b) und d); 2. b) und c); 3. c); 4. a), c) und d); 5. d); 6. c); 7. a) und c); 8. a) bis f)

Lösungen zu Kapitel 9.3: 1. a), c) und d); 2. a) bis d); 3. a) und b); 4. a), b) und d)

Lösungen zu Kapitel 10.10: 1. a), b), d) und e); 2. a), b) und c); 3. a) und c); 4. a), b) und d)